Wafaa Taia

Un paso adelante en la taxonomía de las plantas

Wafaa Taia

Un paso adelante en la taxonomía de las plantas

Editorial Académica Española

Imprint
Any brand names and product names mentioned in this book are subject to trademark, brand or patent protection and are trademarks or registered trademarks of their respective holders. The use of brand names, product names, common names, trade names, product descriptions etc. even without a particular marking in this work is in no way to be construed to mean that such names may be regarded as unrestricted in respect of trademark and brand protection legislation and could thus be used by anyone.

Cover image: www.ingimage.com

Publisher:
Editorial Académica Española
is a trademark of
International Book Market Service Ltd., member of OmniScriptum Publishing Group
17 Meldrum Street, Beau Bassin 71504, Mauritius
Printed at: see last page
ISBN: 978-620-0-39482-8

Contenido

ÁRBOL DE LA VIDA

El **árbol de la vida** o árbol **universal de la vida** es una metáfora, modelo e instrumento de investigación utilizado para explorar la evolución de la vida y describir las relaciones entre los organismos, tanto vivos como extintos, como se describe en un famoso pasaje de la obra de Charles Darwin "El *origen de las especies*" (1859).

El árbol de la vida se utiliza para explicar las relaciones entre las diferentes especies de la Tierra. Desde los microorganismos hasta los árboles, pasando por los hongos y los animales, la vida ha evolucionado a través del tiempo por innumerables caminos para proporcionarnos la maravillosa colección actual de diferentes especies. Algunas especies están estrechamente relacionadas y, en otros casos, tenemos que viajar miles de millones de años atrás para conectar otras especies.

La creencia común en la biología es que todos los seres vivos evolucionaron a partir de un antepasado común hace más de 4.000 millones de años. Ahora, muchos millones de especies diferentes llaman a la Tierra su hogar y, en los últimos 4.000 millones de años, muchas más han venido y se han ido.

Muchos científicos han dedicado sus vidas a la gigantesca tarea de elaborar el camino que la vida ha tomado para evolucionar de una sola especie a millones de especies diferentes. A partir de un antepasado común, la vida se ha ramificado para crear un magnífico árbol de la vida.

Las ramas del árbol de la vida están formadas por diferentes grupos de organismos. Dos ramas que están cerca una de la otra contienen organismos estrechamente relacionados. La primera y más grande de las ramas del árbol de la vida está formada por tres dominios. Las ramas de cada dominio se dividen en muchas más ramas.

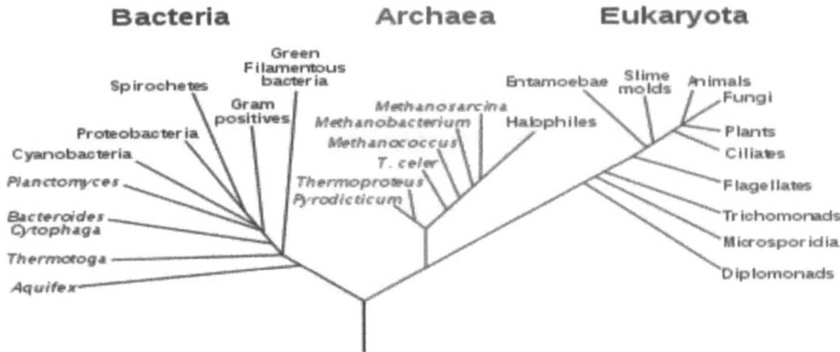

Un árbol con raíces especulativas para <u>los genes de ARNr</u>, que muestra los tres **dominios** de vida **Bacteria, Archaea y Eukaryota**, y que une las tres ramas de los organismos vivos al <u>LUCA</u> (el tronco negro en la parte inferior del árbol).

Relaciones jerárquicas entre grupos de organismos

Hasta donde sabemos, todos los organismos que están vivos hoy en día o que han vivido en este planeta en el pasado son parte de un gran grupo genéticamente conectado: *La vida en la Tierra*. Los tres grandes grupos de seres vivos, Eubacteria, Archaea y eucariontes, son por lo tanto **subgrupos** del **grupo que contiene la Vida en la** Tierra. Cada uno de estos grandes subgrupos de la vida se divide en una multitud de subgrupos anidados *jerárquicamente*. Por ejemplo, los eucariontes son el grupo de contención de una variedad de grupos **que incluyen plantas, animales y hongos; los animales son** el grupo de contención de varios grupos que incluyen esponjas, cnidarios y Bilateria; Bilateria es el grupo de contención de muchos grupos como artrópodos, moluscos y nematodos, etc.

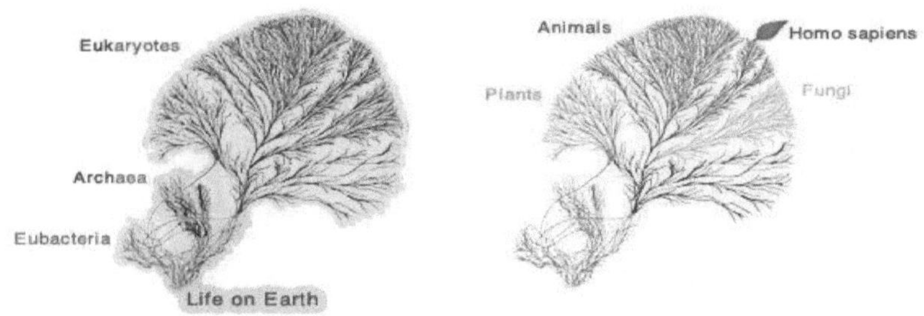

La vida en la Tierra puede dividirse en una serie de subgrupos anidados jerárquicamente, que comienzan en la raíz de toda la vida y terminan en las puntas en grupos que no pueden subdividirse más en distintos linajes genéticos, por ejemplo, el *Homo sapiens* (humanos).

DOMINIOS

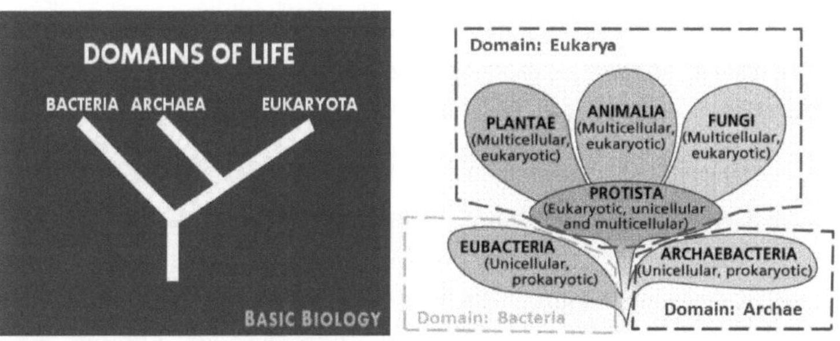

Toda la vida está actualmente separada en tres dominios diferentes: **Bacteria, Archaea y Eukaryota**. Los dos primeros dominios, Bacteria y Archaea, consisten completamente en organismos unicelulares microscópicos. El tercer dominio, Eukaryota, incluye muchos organismos microscópicos pero también contiene grupos bien conocidos como animales, plantas y hongos.

Las bacterias y las archaea se llaman **procariotas** porque sus células no contienen un núcleo. Un núcleo es una membrana que rodea el <u>material genético</u> de una célula. El material genético de las células de las bacterias y las archaea no están encerradas en una membrana, sino que se encuentran firmemente enrolladas en el centro de la célula.

Los organismos en el dominio **Eukaryota** tienen células con un núcleo. La presencia de un núcleo es el rasgo distintivo que identifica a estos organismos como eucariotas.

BACTERIA

Los orígenes de las bacterias se remontan a hace más de 3.500 millones de años. Son un antiguo grupo de organismos y todavía se encuentran casi en todas partes de la Tierra - a través de los océanos, dentro de los humanos y en la atmósfera.

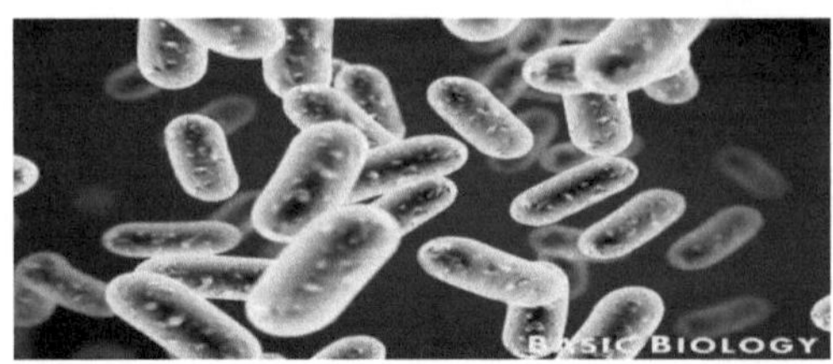

Estos microorganismos unicelulares son increíblemente diversos y son importantes por una amplia gama de razones. **Las bacterias** ayudan a descomponer las plantas y animales muertos y ayudan a los animales a digerir los alimentos. Muchas especies pueden convertir el gas de la atmósfera en nutrientes a través de procesos como la fotosíntesis. Las bacterias también pueden ser mortales y son la causa de una serie de enfermedades en los seres humanos.

Las bacterias se dividen en muchas ramas a lo largo del árbol de la vida. Los diferentes grupos suelen estar separados por sus diferentes metabolismos o por el hábitat en el que se encuentran. Por ejemplo, un grupo conocido como **cianobacterias** es capaz de convertir el gas nitrógeno en nitratos. **Las acidóbacterias** son otro grupo y se encuentran en suelos altamente ácidos.

ARCHAEA

El dominio Archaea consiste en muchos organismos microscópicos de los que sabemos muy poco. Todas las archaeas son organismos unicelulares. Aunque sus células carecen de núcleo y se clasifican como procariotas, se cree que las archaea están más relacionadas con los eucariotas que con las bacterias.

Las células Archaea son estructuralmente diversas y estos microorganismos comparten muchas características tanto con las bacterias como con los eucariotas. También tienen muchas características únicas.

Son típicamente de un tamaño similar a las células de las bacterias y carecen de un núcleo y orgánulos como las bacterias. La membrana que rodea las células de los microorganismos de las archaea es diferente de la membrana de cualquier otra célula.

Originalmente, se pensaba que las archaea sólo existían en ambientes extremos como las fuentes termales y los lagos salados. Ahora se sabe que existen en muchos hábitats en los que es mucho menos difícil vivir.

Este dominio actualmente divide el árbol de la vida en cuatro grupos principales: **Korarchaeotes, Euryarchaeotes, Crenarchaeotes y Nanoarchaeotes**. La mayoría de los conocimientos que tenemos sobre las archaea provienen de los euryarchaeotes y los crenarchaeotes.

Las euriseotas incluyen muchas especies de archaea amantes de la sal y un grupo conocido como metanógenos. Los metanógenos son archaea anaeróbicas que producen gas metano a partir de dióxido de carbono e hidrógeno. Pueden encontrarse en lugares como las tripas del ganado y en los suelos inundados de los humedales.

EUKARYOTA

Eukaryota es el dominio para todos los organismos que tienen un núcleo en su célula o células. Es un dominio extremadamente diverso y variable. Incluye miles de organismos microscópicos, además de todas las grandes especies de animales y plantas que se encuentran en la tierra y en el agua.

Además de tener un núcleo, las células de los eucariontes casi siempre tienen pequeñas estructuras celulares llamadas organelos. Los organelos son "fábricas" celulares especializadas que realizan ciertas funciones como la fotosíntesis o la producción de proteínas.

Los eucariontes tienen la mayor variación en tamaño de los tres dominios pero la menor cantidad de variación en otros aspectos. El organismo eucarionte más pequeño tiene menos de 1 µm o 0,0001 cm de ancho. Compárese con un árbol de secuoya gigante llamado General Sherman que mide más de 83 m de alto, 7,7 m de ancho y tiene un volumen de más de 1.400^{m3} (52.000 pies cúbicos).

El dominio Eukaryota se divide a menudo en animales, hongos, plantas y protistas.

PROTISTAS

Los protistas son un amplio grupo de eucariotas que incluye todos los organismos eucariotas que no son plantas, animales u hongos. No están necesariamente estrechamente relacionados.

Los protistas fueron considerados una vez como un reino distinto, al igual que las plantas, los animales y los hongos. Ahora se sabe que muchos protistas están más estrechamente relacionados con las plantas, los animales o los hongos que con otros protistas. El término todavía se utiliza por conveniencia para referirse a cualquier eucarionte que no sea una planta, animal u hongo.

La gran mayoría de los protistas son organismos unicelulares microscópicos. Son un grupo enormemente diverso y muchas nuevas especies sólo han sido identificadas en la última década.

Algunas ramas de los protistas del árbol de la vida incluyen organismos como las algas (rojas, verdes, marrones y doradas), amebas, mohos de limo, diatomeas y dinoflagelados.

Un gran número de protistas viven como parásitos de animales y plantas. Otras especies son importantes fotosintetizadores y depredadores de bacterias.

PLANTAS

Las plantas constituyen un reino de organismos fotosintéticos. Son un grupo de organismos multicelulares que dominan la mayoría de los paisajes naturales.

Las plantas tienen la capacidad de hacer su propia comida usando la energía de la luz del sol. A través del proceso de la fotosíntesis, las plantas convierten el dióxido de carbono y el agua en azúcares y oxígeno. La producción de azúcares por parte de las plantas proporciona la base de los ecosistemas terrestres como bosques, humedales y pastizales.

El reino Plantae contiene alrededor de 400.000 especies de plantas que actualmente sabemos que existen en la Tierra. La gran mayoría son plantas con flores conocidas como angiospermas. Otros grupos de plantas incluyen gimnospermas, helechos, licofitos y plantas no vasculares como los musgos.

FUNGI

Los hongos forman otro reino dentro del dominio Eukaryota. Los biólogos han identificado aproximadamente 100.000 especies, pero se estima que actualmente existen alrededor de 1,5 millones de especies en la Tierra.

Los hongos fueron una vez colocados en el reino vegetal, pero ahora sabemos que en realidad están más relacionados con los animales. A diferencia de las plantas, los hongos son incapaces de hacer su propia comida y en su lugar obtienen los nutrientes descomponiendo material orgánico como plantas y animales muertos.

Los hongos vienen tanto como organismos unicelulares como multicelulares. Los hongos unicelulares se han denominado levaduras. Algunas levaduras se utilizan en las industrias alimentarias para hacer productos como el pan, el vino y la cerveza.

La mayoría de los hongos son multicelulares. Estos incluyen hongos que producen hongos, mohos y trufas. Alrededor de 35.000 de las especies de hongos ya identificadas producen hongos que ayudan a la reproducción.

ANIMALES

El reino Animalia es el último reino eucarionte. Es el más diverso de todos los reinos, en gran parte debido a la enorme diversidad de insectos que han evolucionado en los últimos 400 millones de años.

Los animales son organismos multicelulares que son incapaces de hacer su propia comida. Dependen de comer otros organismos, como plantas y hongos, para asegurar la energía necesaria para sobrevivir.

El reino animal a menudo se separa en vertebrados e invertebrados. Un animal vertebrado es cualquier animal con una columna vertebral interna. Entre los ejemplos se incluyen los seres humanos, las aves, los reptiles y los peces. Un invertebrado es cualquier animal que carece de una espina dorsal interna. Los insectos, las medusas, las esponjas y los gusanos son todos ejemplos de animales invertebrados.

El reino animal contiene los organismos más avanzados de la Tierra. Muchos animales tienen la habilidad de pensar inteligentemente y resolver problemas. La inteligencia aumentada de los animales les permite realizar muchos comportamientos complejos que son poco comunes en otros organismos.

Lo que un nuevo reino significa para el árbol de la vida

Ni animales, ni plantas, ni hongos, ni protozoos familiares, un extraño microbio predice una increíble biodiversidad aún por descubrir.

Por Jonathan Lambert, Revista Quanta el 28 de diciembre de 2018.

Una micrografía de Hemimastix kukwesjijk, el recién descrito **hemimastigote** llamado así por un "ogro peludo y rapaz" de las tradiciones de la Primera Nación Mi'kmaq de Nueva Escocia, donde se recogió el espécimen. Crédito: Yana Eglit

De la revista Quanta (encuentra la historia original aquí).

El árbol de la vida acaba de recibir otra rama importante. Los investigadores recientemente encontraron un cierto microbio raro y misterioso llamado **hemimastigote** en un grupo de suelo de Nueva Escocia. El análisis posterior de su ADN reveló que no era ni un animal, ni una planta, ni un hongo, ni ningún tipo de protozoo reconocido, que de hecho estaba fuera de las grandes categorías conocidas para clasificar las formas de vida complejas (eucariotas). En cambio, este flagelo se erige como el primer miembro de su propio grupo del "supranacional", que probablemente se separó de las otras grandes ramas de la vida hace por lo menos mil millones de años.

Taxonomía de las plantas

¿Qué es la taxonomía y cuándo se originó?

La taxonomía es la práctica y la ciencia de la clasificación, la palabra significa **ley del orden, o ciencia del orden.** Esta rama de la ciencia se ocupa de la organización de los seres vivos y de agruparlos según sus similitudes. La taxonomía es el método por el cual los científicos, conservacionistas y naturalistas clasifican y organizan la gran diversidad de seres vivos en este planeta en un esfuerzo por comprender las relaciones evolutivas entre ellos. Las clasificaciones en sentido amplio son las de caja en caja, grupo en grupo, o dispositivos de denominación parcial/total que usamos para comunicar aspectos de nuestro conocimiento de las cosas en géneros. Para que cualquier sistema de clasificación sea efectivo, debe ser estable, **universal**, es decir, ser usado por una amplia gama de personas, y debe **mejorar la comunicación del conocimiento ayudándonos a relacionar** las cosas en nuestra mente. Desde este punto de vista, los sistemas de clasificación biológica no son diferentes de los demás.

Objetivos de la taxonomía de las plantas:

1-El primer objetivo de la taxonomía de las plantas es identificar todos los tipos de plantas de la tierra con sus nombres, distinciones, distribución, hábito, características y afinidades. También trata de correlacionar los estudios con los datos científicos aportados por diversas investigaciones en el campo de la ciencia botánica. Proporciona una información acumulada y un conocimiento científico de los recursos vegetales del mundo.

2-El segundo objetivo es ordenar los tipos de plantas en un esquema de clasificación o una disposición ordenada. Hay algunas especies que están estrechamente relacionadas entre sí que otras. Tales especies se colocan en un grupo superior; de manera similar, los grupos superiores estrechamente relacionados con los grupos aún más elevados y así sucesivamente.

3-El tercer objetivo es estudiar los factores de la evolución para averiguar el origen de las especies y sus interrelaciones. Por lo tanto, un taxónomo no sólo estudia las especies que existen hoy en día sino que también revela los cambios que han sufrido en el pasado.

4-El cuarto objetivo de la taxonomía de las plantas es la correcta denominación de las plantas según el código internacional de nomenclatura. La denominación de la planta está guiada y regulada por las normas internacionales de nomenclatura botánica.

5-La quinta es la documentación que incluye la preservación de la flora viva o fósil en un herbario.

Principios de la taxonomía de las plantas:

La taxonomía es una ciencia funcional. La dirección y el carácter de sus funciones se rigen por principios. Los principios se desarrollaron con el aumento del conocimiento de las plantas mismas.

Los principios son los siguientes:

Taxonomía descriptiva:

Se desarrolló en el siglo XIX. Se trataba principalmente de la observación de similitudes y diferencias en los caracteres morfológicos groseros de las plantas conocidas en esa época. Esto comenzó con los trabajos de Tournefort, de Jussieu y Linneo. En este principio las plantas se describían y clasificaban en base a los caracteres morfológicos.

Taxonomía experimental:

Este principio se introdujo en el siglo XX. Se dio una importancia primordial a la distinción morfológica y a la afinidad, pero se vio influido de manera apreciable por los hallazgos del citólogo, el genetista, el anatomista, el fisiólogo y el embriólogo.

Filogenia:

Los taxonomistas modernos del siglo XX utilizan la filogenia como el principio principal de la taxonomía de las plantas. La filogenia es la historia evolutiva de un taxón. Por este principio se intenta dar cuenta del origen y desarrollo de las especies. Para determinar el origen de una especie un taxónomo tiene que depender de la ciencia de la paleobotánica que incluye todos los taxones de grupos de plantas extinguidas

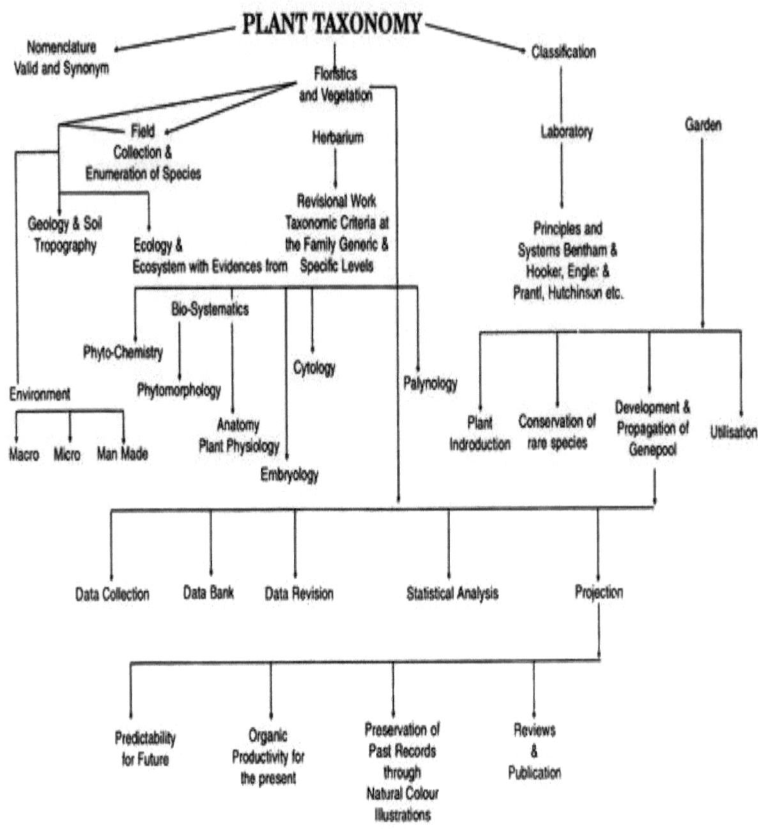

Fig. 1. A Chart showing the scope of plant taxonomical studies and applications.

Clasificación de la taxonomía de las plantas:

La clasificación es el ordenamiento de los organismos en grupos (o conjuntos) sobre la base de sus relaciones, es decir, la relación filogenética.

Tipos de clasificación botánica:

i. Clasificación empírica:

En esta clasificación los botánicos han ordenado las plantas en orden alfabético (ABC ......). El sistema puede compararse con la disposición alfabética de las palabras en el diccionario. No se ha tenido en cuenta ningún carácter.

ii. Clasificación razonable:

En esta clasificación las plantas se colocaron juntas sobre la base de algunos caracteres naturales que pueden vincularlas.

Este tipo de clasificación puede dividirse a su vez en los cuatro tipos siguientes:

a) Clasificación práctica:

Esta clasificación se basa principalmente en las propiedades de las plantas, en particular en su valor o uso para la raza humana.

b) Clasificación artificial:

Esto es más o menos arbitrario ya que las plantas se clasifican en base a uno o a lo sumo pocos caracteres, los cuales, sin embargo, no arrojan ninguna luz sobre las afinidades o la relación de las plantas entre sí.

Según un entendimiento reciente, la clasificación artificial (clasificación de claves) es una clasificación estructurada por conveniencia, utilizando caracteres fenotípicos fácilmente observables y no necesariamente indicando relaciones filogenéticas.

La clasificación natural (clasificación filogenética) es una clasificación jerárquica basada en relaciones filogenéticas hipotéticas, de manera que los miembros de cada categoría de la clasificación comparten un único antepasado común.

c) Sistema natural de clasificación:

Este sistema se basa no sólo en los caracteres de los órganos reproductivos y en la relación estructural, sino que también se tienen en cuenta todos los demás caracteres importantes y se clasifican las plantas según su carácter afín. Nos ayuda no sólo a determinar el nombre de una planta sino también su relación y afinidades con otras plantas. Todos los sistemas modernos de clasificación son naturales.

d) Sistema filogenético de clasificación:

Este tipo de sistema clasifica las plantas según sus relaciones evolutivas y genéticas. Nos permite encontrar los ancestros o derivados de cualquier taxón. Nuestros conocimientos actuales son insuficientes para construir una clasificación filogenética perfecta y todos los sistemas filogenéticos actuales están formados por la combinación de evidencias naturales y filogenéticas.

La taxonomía vegetal es una de las primeras disciplinas científicas que surgió hace miles de años, incluso antes de las importantes contribuciones de griegos y romanos (por ejemplo, Teofrasto, Plinio el Viejo y Dioscórides). En los siglos XV y XVI, la taxonomía vegetal se benefició de las Grandes Navegaciones, la invención de la imprenta, la creación de jardines botánicos y el uso de la técnica del secado para preservar los especímenes vegetales. Paralelamente al creciente conjunto de datos morfo-anatómicos, las siguientes etapas importantes de la historia de la taxonomía vegetal incluyen la aparición del concepto de clasificación natural, la adopción del sistema de denominación binomial (con el importante papel de Linneo) y otras reglas universales para la denominación de las plantas, la formulación del principio de subordinación de los caracteres y el advenimiento del pensamiento evolutivo. Más recientemente, la teoría cladística (iniciada por Hennig) y los rápidos avances en las tecnologías del ADN permitieron inferir filogenias y proponer verdaderas clasificaciones naturales, basadas en la genealogía

Sin embargo, nuestro universo ha enfrentado muchas pruebas de clasificación desde que el hombre se creó. Los pueblos se dieron cuenta de que hay cosas inmutables y fijas y otras que crecen, se reproducen e incluso se mueven. Por lo tanto, decidieron que hay dos grupos de cosas: 1) cosas   inmutables 2) cosas cambiantes.

Más tarde, encontraron que hay plantas verdes y hay animales y ambos crecen, se reproducen, pero pensaron que las plantas no pueden moverse. Poco a poco, las cosas se aclararon y se hicieron pruebas de clasificación para entender el entorno.

Resumen de los primeros ensayos de las clasificaciones de todos los organismos vivos

1-Linnaeus

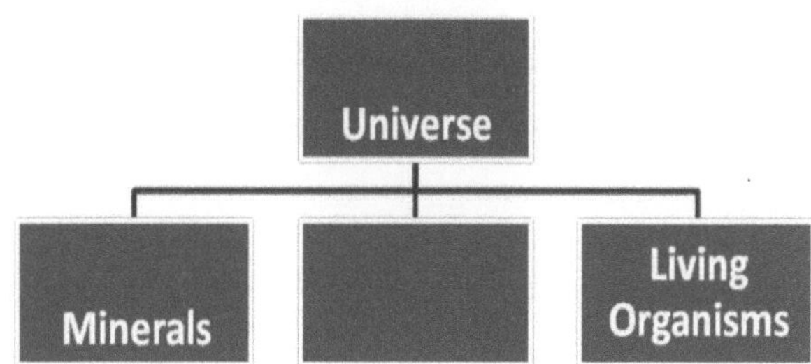

2- Linneo 1735

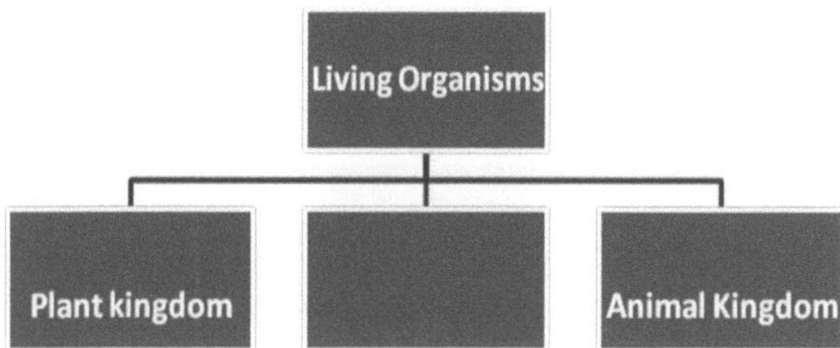

3-Haekal 1866

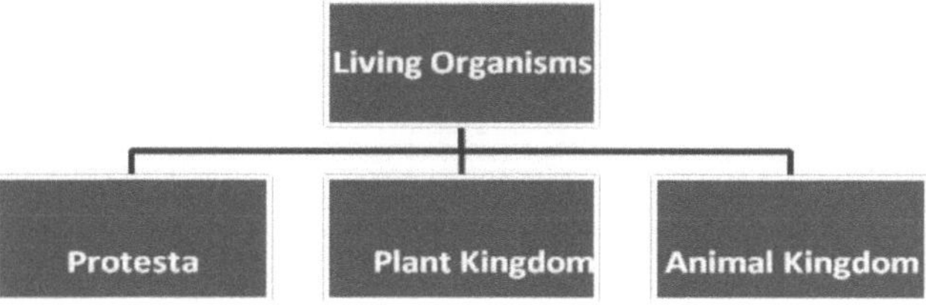

4- Shaton 1937

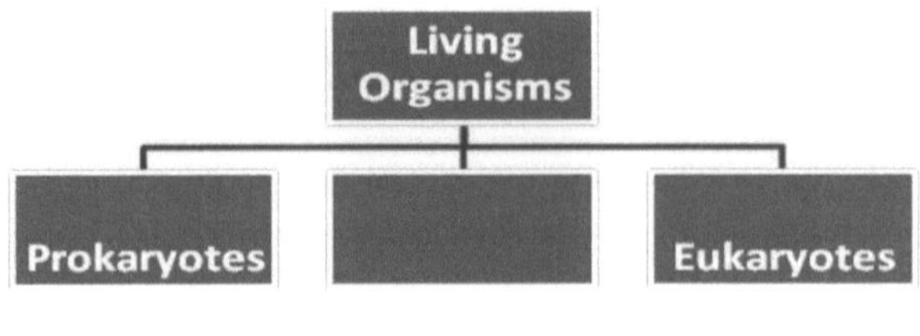

5-Plano 1956

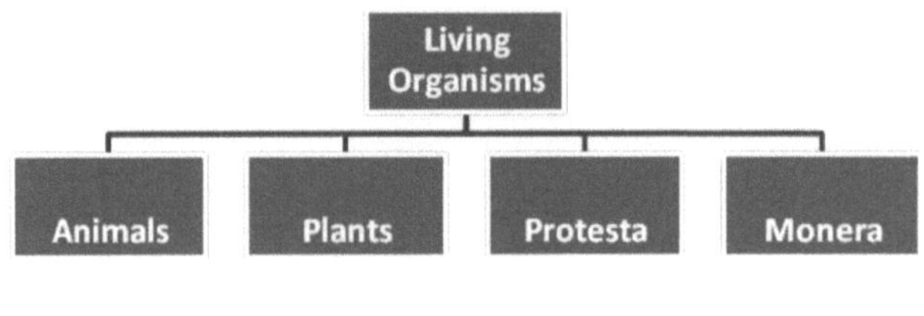

6- Whitetalker 1969

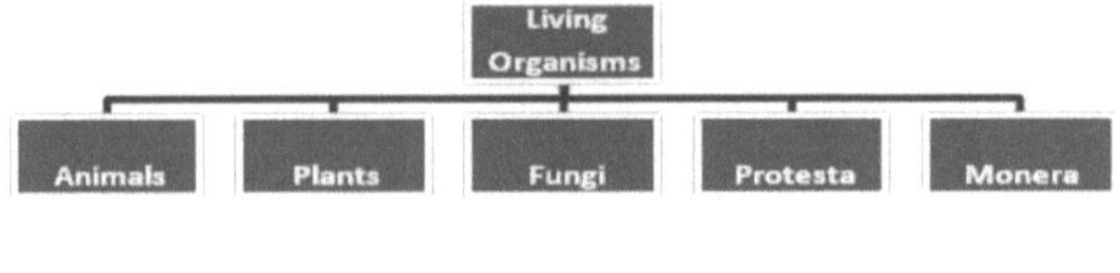

7-Woos *et al.* 1977

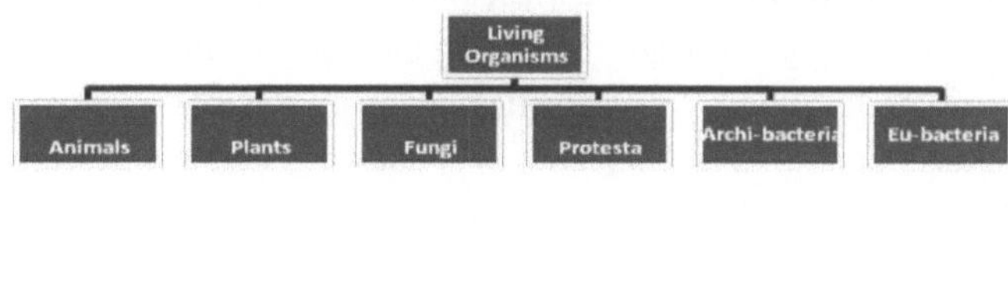

La taxonomía es probablemente la ciencia más antigua y ciertamente casi desde el principio de la existencia humana. El hombre tiene que clasificar las criaturas de acuerdo a sus necesidades. El hombre clasificó las plantas de acuerdo a su comestibilidad, usos medicinales y otros usos. La taxonomía, en general, y especialmente la taxonomía de las plantas ha sufrido un largo camino de desarrollo hasta estos días. La clasificación de las plantas se extiende desde el trabajo de los antiguos griegos hasta los biólogos evolucionistas modernos. Como campo de la ciencia, la sistemática de las plantas surgió muy lentamente, y las primeras tradiciones de las plantas se trataban generalmente como parte del estudio de la medicina. Más tarde, la clasificación y descripción fue impulsada por la historia natural. Hasta el advenimiento de la teoría de la evolución, casi toda la clasificación se basaba en la escala naturae. La profesionalización de la botánica en los siglos XVIII y XIX marcó un cambio hacia métodos de clasificación más holísticos, eventualmente basados en relaciones evolutivas

Comienza con la taxonomía popular a través de la **taxonomía artificial, donde un solo carácter se utiliza para la clasificación,** y luego la **taxonomía natural** comienza con la invención de los microscopios y el desarrollo de herramientas de investigación, **donde más caracteres tienen que ser considerados en la clasificación. La taxonomía filogenética es la clasificación según la relación de desarrollo** y este tipo de clasificaciones se produjo después de la teoría de la evolución de Darwin. Ahora, los taxonomistas tienen que utilizar cualquier herramienta disponible para alcanzar una agrupación más natural y simétrica de los taxones.

La taxonomía puede ser una simple organización de tipos de cosas en grupos, o incluso muy simple para ser puesta en una lista alfabética. Pero matemáticamente, una taxonomía jerárquica, **donde más caracteres tienen que ser considerados al agrupar los taxones en un aspecto evolutivo, y se da una estructura de árbol para este conjunto de objetos.** En la parte superior de esta estructura jerárquica el nodo raíz que se aplica a todos los objetos, los nodos por debajo de esta raíz son más específicos de clasificación. Así, en los esquemas comunes la raíz se llama **organismo** seguido de nodos para los rangos **taxonómicos** que son: Dominio, **Reino, Filo, Clase, Orden, Familia,** .... etc.

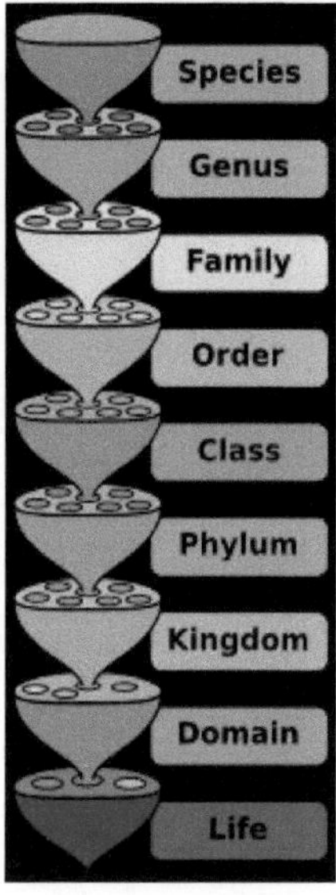

La taxonomía es el método por el cual los científicos, conservacionistas y naturalistas clasifican y organizan la vasta diversidad de los seres vivos de este planeta en un esfuerzo por comprender las relaciones evolutivas entre ellos. **Así, una familia está claramente marcada como tal y es un grupo monofilético que puede contener varios géneros, también marcados como tales y también en su mayor parte monofiléticos, pero un género nunca puede incluir familias.**

<u>La taxonomía moderna</u> se originó a mediados del siglo XVII cuando el sueco Carolus Linnaeus (también conocido como Carl Linnaeus o Carl von Linné) publicó su multivolumen *Systema naturae*, esbozando su nuevo y revolucionario método para clasificar y, especialmente, nombrar organismos vivos. Antes de Linneo, todas las especies descritas recibían nombres largos y complejos que proporcionaban mucha más información de la necesaria y eran torpes de usar. Linneo adoptó un enfoque diferente**<u>: redujo cada una de las especies descritas a un nombre latinizado de dos partes conocido como el nombre "binomial"</u>.** Así, a través del sistema de Linneo una especie como la rosa de los perros cambió de nombres largos y poco manejables como *Rosa sylvestris inodora seu canina* y *Rosa sylvestra alba cum rubore, folio glabro* a la más corta y más fácil de usar *Rosa canina*. Esto facilitó el nombramiento de especies que, con la afluencia masiva de nuevos ejemplares de regiones recién exploradas de África, Asia y América, necesitaban un sistema más eficiente y utilizable.

Así, los trabajos taxonómicos deben pasar por dos etapas, la primera es la descripción morfológica y esta llamada **clasificación Alfa**, luego el estudio detallado de sus caracteres internos y llamada **clasificación Omega**.

La clasificación de las plantas es la colocación de las plantas conocidas en grupos o categorías para mostrar alguna relación. La clasificación científica sigue un sistema de reglas que estandariza los resultados y agrupa las categorías sucesivas en una jerarquía. Por ejemplo, la familia a la que pertenecen los lirios se clasifica de la siguiente manera:

- Reino: Plantae

- División: Magnoliophyta (Angiospermas)

- Clase: Liliopsida

- Orden: Liliales

- **La familia**: **Liliaceae**

- Género: ... ...

La clasificación de las plantas da como resultado un sistema organizado para la denominación y catalogación de futuros especímenes, e idealmente refleja las ideas científicas sobre las interrelaciones de las plantas.

Las plantas se clasifican de varias maneras diferentes, y cuanto más nos alejamos del jardín, más indica el nombre la relación de una planta con otras plantas, y nos habla de su lugar en el mundo vegetal en lugar de en el jardín. Por lo general, sólo la familia, el género y la especie son de interés para el jardinero, pero a veces incluimos la subespecie, la variedad o el cultivar para identificar una planta en particular.

Empezando por la parte superior, la categoría más alta, las plantas se han clasificado tradicionalmente de la siguiente manera. Cada grupo tiene las características del nivel superior, pero tiene algunos rasgos distintivos. Cuanto más abajo en la escala, más pequeñas son las diferencias, hasta que se llega a una clasificación que se aplica a una sola planta.

CLASE	Angiospermas (Angiospermas)	Las plantas que producen flores
	Gymnospermae (Gimnospermas)	Las plantas que no producen flores
SUBCLASS	Dicotiledóneas (Dicotiledones, Dicots)	Plantas con dos hojas de semillas
	Monocotyledonae (Monocotiledóneas, Monocots)	Las plantas con una hoja de semilla
SUPERORDEN	Un grupo de familias de plantas relacionadas, clasificadas en el orden en el que se cree que han desarrollado sus diferencias con un ancestro común. Hay seis superórdenes en las dicotiledóneas (Magnoliidae, Hamamelidae, Caryophyllidae, Dilleniidae, Rosidae, Asteridae), y cuatro superórdenes en las monocotiledóneas (Alismatidae, Commelinidae, Arecidae, Liliidae) Los nombres de las Superórdenes terminan en **-idae**	
ORDENAR	Cada Superorden se divide a su vez en varias órdenes. Los nombres de las órdenes terminan en **-ales**	
FAMILIA	Cada Orden está dividida en Familias. Estas son plantas con muchas características botánicas en común, y es la clasificación más alta que se utiliza normalmente. En este nivel, la similitud entre las plantas es a menudo fácilmente reconocible por el lego. La clasificación botánica moderna asigna una planta tipo a cada Familia, que tiene las características particulares que separan este grupo de plantas de las demás, y nombra a la Familia en función de esta planta. El número de familias de plantas varía según el botánico cuya clasificación sigue. Algunos botánicos reconocen sólo unas 150 familias, prefiriendo clasificar otras plantas similares como subfamilias, mientras que otros reconocen casi 500 familias de plantas. Un sistema ampliamente aceptado es el ideado por Cronquist en 1968, que hoy en día sólo está ligeramente revisado. Los enlaces a los diversos	

	métodos de clasificación están <u>en este sitio web</u>. Los nombres de las familias terminan en **-aceae**
SUBFAMILIA	La familia puede dividirse a su vez en varias subfamilias, que agrupan a las plantas de la familia que tienen algunas diferencias botánicas importantes. Los nombres de las subfamilias terminan en **-oideae**
TRIBU	Otra división de plantas dentro de una familia, basada en diferencias botánicas más pequeñas, pero que aún así suele comprender muchas plantas diferentes. Los nombres de las tribus terminan en **-eae**
SUSCRIPCIÓN	Otra división, basada en diferencias botánicas aún más pequeñas, a menudo sólo reconocibles para los botánicos. Los nombres de las subtribus terminan en **-inae**
GENUS	Esta es la parte del nombre de la planta que es más familiar, el nombre normal que se le da a una planta - Papaver (Amapola), Aquilegia (Columbina), y así sucesivamente. Las plantas de un género son a menudo fácilmente reconocibles como pertenecientes al mismo grupo. El nombre del **género** debe escribirse con mayúscula.
ESPECIES	Este es el nivel que define una planta individual. A menudo, el nombre describirá algún aspecto de la planta - el color de las flores, el tamaño o la forma de las hojas, o puede ser nombrado por el lugar donde fue encontrado. Juntos, el nombre del género y la especie se refieren a una sola planta, y se utilizan para identificar esa planta en particular. A veces, la especie se divide a su vez en subespecies que contienen plantas no tan distintas como para clasificarlas como Variedades. El nombre de la **especie** debe escribirse después del nombre del género, en minúsculas, sin mayúsculas.
VARIEDADES	Una variedad es una planta que sólo es ligeramente diferente de la especie vegetal, pero las diferencias no son tan insignificantes como las diferencias en una forma. El latín es varietas, que suele abreviarse como var. El nombre sigue al nombre del género y la especie, con la **var.** antes del nombre de la variedad individual.

FORMULARIO	Una forma es una planta dentro de una especie que tiene diferencias botánicas menores, como el color de la flor o la forma de las hojas. El nombre sigue al nombre del género y la especie, con la **forma (o f.)** antes del nombre de la variedad individual.
CULTIVAR	Un cultivar es una variedad cultivada, una planta particular que ha surgido de forma natural o mediante una hibridación deliberada, y que puede reproducirse (de forma vegetativa o mediante semillas) para producir más de la misma planta. El nombre sigue al nombre del género y la especie. Está escrito en el idioma de la persona que lo describió, y no debe ser traducido. Está escrito entre comillas simples o tiene **el currículum** escrito delante del nombre.

De la información anterior tenemos que decir que **la taxonomía debe ser una ciencia inclusiva, es decir**, para poder categorizar los especímenes de plantas en un grupo natural, tenemos que estudiar todos los caracteres disponibles. Por lo tanto, los taxonomistas tienen que saber más sobre los caracteres morfológicos, anatómicos, citológicos, ecológicos y embriológicos. A veces los taxonomistas deben conocer la historia de la planta y su origen para decidir cuál es el grupo más relacionado con ella. Aquí, en nuestro estudio tenemos que repasar los caracteres morfológicos **sólo** como el primer paso para clasificar el grupo de plantas más avanzado, **la Magnolophyta, es decir**, las plantas con flor.

Por lo tanto, la taxonomía **es la ciencia que agrupa a los organismos en diferentes categorías de acuerdo a sus características físicas.** Esta agrupación, o clasificación, debe basarse en la homología, es decir, los individuos reunidos en el mismo grupo deben compartir características que han sido heredadas de un ancestro común. Así, para estudiar las tendencias modernas de la taxonomía debemos recorrer la historia de la clasificación y cómo esta rama se ha desarrollado con el desarrollo de los pueblos, los instrumentos y las técnicas. Debemos tener presente que la taxonomía actual es un reflejo del pasado**, mientras que los sistemas de clasificación reflejan tanto las necesidades, el nivel de conocimiento, los conceptos filosóficos y la tecnología disponible de cada período histórico.**

Historia de la clasificación de las plantas

La historia temprana del desarrollo de la ciencia botánica no es más que una historia de desarrollo de la taxonomía de las plantas. Los herboristas y agricultores de la antigüedad reunieron algunos conocimientos sobre las plantas que se transmitieron de generación en generación.

La clasificación de los organismos se ha iniciado desde el principio de la existencia humana basándose en su necesidad, refugio, alimento y medicina. Cuando comenzó, la taxonomía de las plantas tiene al menos seis períodos distintos:

1- **Preliteratura**   2- **Literatura Antigua**   3- **Edad   Media u oscura 4- Renacimiento   5- Teoría de la Evolución 6- Revuelta de la Taxonomía** . Cada uno de estos períodos tiene sus propios rasgos característicos y logros. Hasta el **Renacimiento** todos los ensayos taxonómicos fueron **Taxonomía Artificial**, después comenzaron **más ensayos de Taxonomía Natural**. Así que, si vamos rápidamente a través de cada uno de estos períodos podemos reconocer cómo la taxonomía de las plantas progresa y se desarrolla.

1- **Período de preliteratura** (Taxonomía popular)

En este período la gente estaba muy cerca de la tierra, obtenía su alimento de la caza y la recolección. Probaban cuidadosamente cada planta para saber cómo se acostumbraban a ella. Conocían muchas plantas que se utilizan para la alimentación y la medicina. Eran taxonomistas prácticos de plantas; describían las plantas, las clasificaban según sean útiles o dañinas, las identificaban y las ponían en una categoría nombrada para que fuera fácil referirse a ellas.

En el siglo [XV,] los pueblos llamados **metodistas** comenzaron a diferenciar entre minerales, **plantas y animales.** Los clasificaron de acuerdo a consideraciones lógicas en ese momento.

2- **Literatura antigua (comienzo** de la taxonomía científica)

Este es el período de los antiguos griegos en el que sus conclusiones se basaban en el razonamiento en lugar de en el análisis de las observaciones. Observaron las diferencias entre los órganos externos e internos. Clasificaron las plantas por su forma en árboles, arbustos, matorrales. También reconocieron las anuales, bienales, perennes y la morfología floral. Mientras tanto, describieron muchas plantas medicinales que consideraron la fuente básica de información durante más de 1500 años.

Los primeros trabajos botánicos

Los historiadores de la botánica generalmente comienzan la historia de la clasificación botánica con la **taxonomía popular.** Las plantas utilizadas por los pueblos en la taxonomía popular fueron las primeras consideradas por los primeros trabajos botánicos que comenzaron con la ***Historia Plantarum*** de **Teofrasto**. Teofrasto **(372-287 a.C.),** el filósofo-científico griego, colocó este conocimiento de las plantas sobre una base científica. En su **"Investigación sobre las plantas"** se ocupó de las plantas en general e intentó ordenar las plantas en varios grupos. Por eso se le llama el **"Padre de la Botánica".** **Teofrasto, un estudiante de <u>Aristóteles</u>,** no articuló un esquema de clasificación formal, sino que se basó en las agrupaciones comunes del folclore combinadas con la forma de crecimiento: **árbol arbusto, sotobosque o hierba.**

<u>A. Teofrasto hacia el 300</u> a.C., griego que estudió con Platón y Aristóteles que se consideraba el abuelo de la botánica. Sus trabajos más importantes son...

1. Escribió más de 200 obras, de las cuales sólo unas pocas sobrevivieron. Las más importantes fueron: **"<u>Investigación sobre las plantas</u>"** y "Las **<u>causas de las plantas</u>"**. Era un amigo de Alejandro Magno que tenía interés en la botánica y que le enviaba plantas de sus viajes.

2. Escribió unas 500 especies de plantas y describió el algodón, la pimienta, la canela, los plátanos y dio nombre a muchos géneros modernos como el <u>espárrago</u> y <u>el narciso</u>. Entre sus observaciones más significativas están:

- Distinciones entre estructuras externas (órganos) vs. internas (tejidos).

- Distinción entre diferentes tipos de tejidos.

- Clasificación en árboles, arbustos, sub-arbustos y hierbas.

- Distinción entre las plantas con flores y las que no las tienen.

- Reconocimiento de diferentes tipos de reproducción sexual y asexual.

- Comprensión de la anatomía básica, por ejemplo, hojas modificadas de los sépalos y pétalos.

- La verdadera comprensión de los frutos.

B. Plinio el Viejo Romano (ca. 50 d.C.) Plinio compiló una obra monumental titulada "Historia Naturalis" en la que incorporó toda la información sobre las plantas recogida hasta ese momento y añadió mucha de la misma recogida por él mismo en sus viajes a lo largo y ancho del mundo. La principal obra fue **la Historia Natural**, una obra multivolumen de la que se conservan 37 volúmenes, en la que intentó registrar todo lo que se sabía sobre el mundo. Cerca de un cuarto estaba dedicado a la biología. La mayor parte de la botánica se dedicaba a la medicina o la agricultura. Durante más de 1.000 años, este trabajo fue venerado y fue uno de los primeros en ser impreso con tipos móviles.

C. Dioscórides - Griego contemporáneo de Plinio en el siglo I y como él viajó mucho y reunió información sobre plantas medicinales. Compiló su famoso libro **"Materia Medica"** donde describió cerca de seiscientas especies de plantas mencionando su nombre local y dando sus propiedades medicinales. Junto con las descripciones hizo bocetos que aumentaron mucho el valor del libro y ganaron mucha popularidad entre los herboristas y amantes de las plantas en Europa.

El mundo ha pasado por una **edad oscura** sin más obras taxonómicas valiosas, excepto la de **Albertus Magnus** y **los Herbolarios.** Hasta el Renacimiento (1500) estos fueron los trabajos de referencia. Durante la Edad Oscura se copió y se volvió a copiar y las figuras se redibujaron tantas veces que se parecían poco al original. Sin embargo, como las masas no podían leer a nadie que poseyera una copia, se garantizaba la fortuna y el éxito, lo que **permitía practicar la farmacia y la medicina. Reconoció algunas familias naturales como la menta y la zanahoria, así como algunos géneros modernos como el Aloe.**

En el siglo XVI, los trabajos de Otto Brunfels, Hieronymus Bock y Leonhart Fuchs ayudaron a reavivar el interés por la historia natural basada en la observación de primera mano; **Bock**, en particular, incluyó información medioambiental y del ciclo de vida en sus descripciones. Con la afluencia de especies exóticas en la Era de la Exploración, el número de especies conocidas se expandió rápidamente, pero la mayoría de los autores estaban mucho más interesados en las propiedades medicinales de las plantas individuales que en un sistema de clasificación general. Más tarde, los influyentes libros del Renacimiento incluyen los de Caspar Bauhin y Andrea Cesalpino. **Bauhin** describió más de 6000 plantas, las cuales ordenó en 12 libros y 72 secciones basadas en una amplia gama de características comunes. **Cesalpino basó** su sistema en la estructura de los órganos de fructificación, utilizando la técnica aristotélica de división lógica

3- Medieval (edad oscura)

En este período se ha hecho un poco en la taxonomía de las plantas, excepto en el caso de **Albertus Magnus**, que escribió su "De Vegetabilis", en el que se mostraba la diferencia en la estructura del tallo de los Di-Cotiledóneas y Monocotiledóneas y se daba a los dos grupos los términos Tunicado y Corticado.

Los herbolarios son pueblos que recolectan plantas de diferentes partes del mundo y las conservan, sin identificación ni descripción. Están motivados por consideraciones prácticas, es decir, por los usos médicos y agrícolas de las plantas. De los herbolarios más famosos hay pocos herbolarios alemanes que hayan llevado sus investigaciones sobre las plantas aún más lejos, lo que hace que el estudio de la botánica sea bastante popular. El más importante de ellos fue **Otto Brunfels**, que publicó su libro (Herbarium vivae Eiconis) en tres volúmenes que fue ilustrado con buenas figuras. Otro herbolario alemán, Jerome Bock , que publicó su (Nue Kreiterbuch) que contiene una descripción precisa de 600 especies de plantas con flores. En este libro clasificó las plantas en tres grupos principales: hierbas, arbustos y árboles; también señaló la distribución original de cada especie.

4- Renacimiento

Dos grandes innovaciones tecnológicas contribuyeron al Renacimiento y especialmente a la taxonomía de las plantas:

1. Imprenta

2. La ciencia de la navegación

El primero puso el conocimiento a disposición de todos y los libros de medicina botánica llamados **"herbales"** se hicieron populares. La navegación comenzó la era de la exploración y casi inmediatamente el número de plantas conocidas aumentó dramáticamente. Se necesitaban nuevos sistemas de clasificación para manejar este aumento.

Básicamente se pueden observar **cuatro períodos distintos** hasta esta época, de la siguiente manera:-

Primero. No hay sistemas reales de clasificación, sino un período marcado de trabajo original en lugar de copiar las obras de los antiguos. Estos libros se basaban en observaciones de primera mano de los autores y proporcionaban una descripción detallada y precisa de las plantas de uso medicinal.

b. Varios alemanes prominentes (herbolarios): **Brunfels, Bock, Fuchs** (Fucsia) enriquecieron el mundo con muchos especímenes de plantas silvestres.

Siglo II-XVII - El gran número de nuevas plantas de los viajes requería mejores sistemas de clasificación. Durante este período **el concepto de tipo de Aristóteles** se puso de moda. *Mantuvo que las especies no varían y entidades fijas y basado en una encarnación o tipo ideal o fijo.* Generalmente se pensaba que las especies son el ideal creado por Dios. No hay que confundirlo con el concepto de tipo nomenclatural.

a-Caesalpino - (italiano) trató de basar la clasificación en la lógica más que en conceptos utilitarios (como los usos medicinales). Se dio cuenta de que algunos rasgos son más significativos que otros en la clasificación, **razonamiento a priori (hoy en día el énfasis en los rasgos florales).** Fue el primero en notar la presencia de látex **en algunas plantas.** También clasificó las plantas según el carácter de su hábito, es decir, árboles, arbustos y hierbas, pero también tuvo en cuenta los caracteres del **ovario, los frutos y las semillas**. Se hizo famoso por su libro "**De plants**" en 16 volúmenes, el primero de los cuales contenía sus principios de clasificación.

b. La Revolución clasificó las angiospermas según los caracteres de las flores. Introdujo un sistema de agrupación de las plantas en grupos similares y posteriormente utilizó los antiguos sistemas de clasificación en la identificación de las plantas (caracteres morfológicos externos). Fue el primero en utilizar el sistema de nomenclatura de los géneros, nombrando las **especies más ubundantes por el nombre y luego las demás plantas relacionadas por este nombre seguido de la palabra modificado.**

El hermano mayor **Jean (Johna) Bauhin** (1541-1631) escribió un libro titulado **"Historia plantarum universalis"** que fue publicado después de su muerte.

Gaspard (Casper) Bauhin, el hermano menor (1560-1624), publicó 3 tratados botánicos, el tercero de los cuales, "**Pinax theatri Botanic**" se hizo muy popular. Ambos Bauhins hicieron uso del hábito-carácter de las plantas para clasificarlas.

Gaspard Bauhin había formulado la idea de un género y en muchos casos le dio **nomenclatura binaria a sus plantas.** También recogió todos los nombres de plantas publicados en diferentes trabajos botánicos hasta su época y los refirió como sinónimos junto con los nombres que usó como correctos.

c. Gaspard Bauhin (suizo) escribió **Pinax** que era un registro de plantas conocidas por la ciencia en ese momento.

1. También incluyó otros nombres para las plantas, por ejemplo, **SINONIMIA**. Al mismo tiempo, generalmente acreditó el **concepto moderno de géneros y especies**.

2. También experimentó con el sistema **BINOMIAL** de nombrar plantas.

d. John Ray hizo una clasificación en función de todos los trabajos anteriores distinguiendo entre los diferentes tipos de frutas y entre dicotiledóneas y monocotiledóneas. Describió 1700 especies de acuerdo a los caracteres morfológicos. Se dedicó seriamente al estudio de las plantas y pensó mucho en proponer un sistema de clasificación de las plantas. También trató de agrupar las plantas en varias familias que llamó "clases". Primero dividió el reino vegetal en dos grupos, a saber, Herbae y Arbores. Las Herbae se dividieron en Imperfectae y Perfectae, la primera de las cuales incluía las Criptógamas y el segundo grupo, es decir, los Arbores incluía la mayoría de las plantas con flor.

Los Perfectae se subdividieron en Dicotiledóneas y Monocotiledóneas y bajo las Dicotiledóneas colocó 25 de sus clases y 4 bajo las Monocotiledóneas. Su sistema de clasificación se publicó en su "Historia plantarum", de la que se publicaron varias ediciones, y en las ediciones posteriores revisó y mejoró su sistema.

e. Joseph de Tournefort fue un contemporáneo de John Ray y trató de elaborar un sistema de clasificación de plantas con flores. Él también dividió el reino vegetal primero en 2 grupos como árboles y hierbas y utilizó el carácter de inflorescencia y flor para subdividir el último grupo. Hizo un sistema de clasificación basado en el hábito de las plantas (árboles, arbustos, sub-arbustos y hierbas).

Distinguió entre flores hipógenas y epígenas y entre ginecías sincarposas y apocarposas. Joseph Pitton de Tournefort fue el primero en dar un concepto claro de un género, aunque Gaspard Bauhin lo mencionó en sus obras. El trabajo de Tournefort demostró ser muy útil para identificar las plantas hasta la especie.

Consideraba que el **género era** la unidad de clasificación más pequeña.

Siguió el sistema de Reviness de nombrar las plantas, pero la palabra modificada ha sido cambiada a una pequeña frase descriptiva que describe esa planta. Entonces los hermanos Bauhin vinieron al campo.

<u>Tercero. Periodo Linneo - Siglo XVIII</u>. A finales del siglo XVII había demasiadas plantas nuevas para tratar y las plantas se referían con frases descriptivas en latín.

a. Linneo, un médico sueco, un naturalista sueco (también llamado Carl von Linne), que dio un nuevo impulso al estudio de las plantas. Fue profesor de medicina y botánica en la Universidad de Upsala. Consideró el padre de la taxonomía de las plantas y una de sus obras, **Species Plantarum (1753)** es el punto de partida de la taxonomía moderna.

Él mismo era un coleccionista de plantas e hizo arreglos para recolectar especímenes de plantas de diferentes partes del mundo enviando a sus estudiantes a países lejanos y a través de misioneros y administradores.

El descubrimiento de numerosas plantas de todo el mundo le llevó a pensar en poner orden en el caos existente y le llevó a agrupar y clasificar todas las plantas conocidas hasta su tiempo. Propuso un sistema de clasificación que fue publicado en su "Systema Naturae" (1735).

b. Se dio cuenta de que algunos personajes eran más útiles que otros y desarrolló un **<u>sistema de</u>** clasificación sexual que se basaba en el número de partes reproductivas. Puramente artificial, pero permitía identificar fácilmente una planta desconocida al teclearla como lo hacemos hoy en día.

En este sistema utilizó **el carácter de los estambres, es decir**, el número y la naturaleza de los estambres, para distinguir las 20 clases en las que dividió el reino vegetal. También usó el número y naturaleza de los **carpelos** para distinguir los órdenes, es decir, las subdivisiones de sus clases.

Además de presentar un excelente sistema de clasificación de plantas, Linneo publicó muchas obras botánicas de carácter monográfico y florístico y también libros que encarnan sus ideas de nomenclatura de plantas.

c. Describió cientos de especies, todos los binomios que tienen una **L.** después de ellos. Su contribución más significativa fue el uso consistente del **sistema de binomios** en el que cada especie era referida por sólo dos nombres, el género y el epíteto específico.

d. **Species Plantarum (1 de mayo de 1753)** es el punto de partida de la nomenclatura para prácticamente todos los nombres de plantas.

e. Clasificó las plantas con flor (Angiospermae) en **<u>24 filas según los caracteres del estambre (</u>**número, longitud del filamento, morfología de las anteras,...). Cada filo se subdividió en órdenes y familias según los caracteres del pistilo (**<u>Sistema Sexual</u>**).

f. Identificó el género 1336 en su libro Genera Plantarum, luego describió la especie en otro libro Species Plantarum, así como también publicó 14 importantes trabajos de investigación en taxonomía.

g. Fue el primero en aplicar el sistema binomial de nomenclatura en las plantas.

h. Él creó una escuela de taxonomía en la que sus estudiantes se aficionaron a la taxonomía y viajaron por todo el mundo recogiendo plantas.

Los taxonomistas modernos han acordado considerar el año 1753 como el punto de partida de la nomenclatura de las Fanerógamas, Pteridophyta y Sphagnum. En su "Philosophia Botanica" estableció algunos principios que más tarde formaron la base del Código Internacional de Nomenclatura Botánica.

Gracias a los esfuerzos de Linneo, el estudio de la ciencia botánica entró en la era moderna y Linneo es llamado con razón el **"Padre de la Botánica Moderna"**.

A pesar de todos estos trabajos, el Sistema de Linaeus basado en las disimilitudes entre las plantas y en el número de órganos sexuales, ya que esa especie tiene el mismo número de estambre y no tiene relaciones se pone en conjunto y viceversa. Muchos taxonomistas consideraron la jerarquía de Linaeus como un ejemplo de jerarquía agregativa con propiedades emergentes en los diferentes niveles, mientras que descartaron las filogenias como simples estructuras posicionales carentes de propiedades emergentes.

Todos los trabajos anteriores se consideraron como **<u>Sistemas Artificiales de Clasificación</u> porque dependían sólo de caracteres morfológicos.**

<u>Cuarto</u>. Comienzo de los <u>sistemas naturales</u> - a finales de 1700 los botánicos comenzaron a ponderar los propósitos de la taxonomía y a tratar de proporcionar más contenido de información en sus clasificaciones, es decir, querían reflejar las "relaciones naturales". Aunque Linneo había proporcionado un método conveniente para identificar las plantas, era claramente artificial, por ejemplo, **los cactus y los pinos se clasificaban juntos porque tenían numerosas partes masculinas.**

a. <u>Lamark</u>, el socialista francés que reconoció que el medio ambiente tiene un gran efecto en la criatura viviente. Desde ese punto el pensamiento se movió hacia el efecto de los factores ambientales en los caracteres de la planta y la ecología tiene que ser considerado en las clasificaciones.

b. <u>Adanson</u> - rechazó la elección a priori de los caracteres y consideró que utilizar el mayor número de caracteres posible daría la clasificación más natural o útil.

- Este es el precursor de la **<u>Taxonomía Numérica asistida</u> <u>por ordenador, que a menudo se llama</u> <u>Taxonomía Adansoniana</u>.**

<u>La familia francesa de C</u>. <u>de Jussieu</u> (mediados de 1700 a 1800) incluía 4 botánicos, padre e hijos. Los primeros en organizar las plantas en un sistema natural, es decir, las plantas que se parecían se agrupaban teniendo en cuenta todas las obras anteriores y los personajes proporcionados.

Bernard de quien estaba a cargo de los Jardines Reales de Francia trató de ordenar las plantas de los jardines siguiendo el sistema de Linneo y al hacerlo modificó el sistema hasta tal punto que se convirtió en un nuevo sistema de clasificación.

Sin embargo, esto no se publicó y más tarde su sobrino **Antoine Laurent de Jussieu** (1748-1836) publicó lo mismo en su **"Genera plantarum secundum ordines natural deposita"** - con algunas modificaciones. Este fue el primer sistema natural de clasificación de plantas donde estableció cien Ordenes Naturales como taxones por encima del rango de los géneros dando caracteres distintivos de cada uno.

Dividió el reino vegetal en **15 clases** y colocó las clases bajo 3 cabezas principales; como **las acetiledóneas, monocotiledóneas y dicotiledóneas.** Las acetiledóneas consisten en una sola clase que comprende las criptógamas y las náyades de las monocotiledóneas, mientras que las monocotiledóneas incluyen el resto de las monocotiledóneas en 3 clases.

Las dicotiledóneas comprenden todos los órdenes naturales dicotiledóneos y también las Coníferas en el resto de estas 11 clases. El sistema de Jussieu "fue ligeramente modificado por Augustin Pyrame de Candolle que era profesor de botánica en Montpellier.

- Arregló las plantas del jardín botánico de París de tal manera.

- Dividió las plantas en dicotiledóneas: Apetalae - Monopetalae - Polypetalae.

- Luego redividió estos grupos en 15 píldoras, tomando más caracteres morfológicos en su consideración.

- Reorganizó la clasificación de Linneous en un orden más natural.

d. de Candolle una familia francesa que estaba interesada en las plantas. Tomaron la clasificación de Jussieu y añadieron nuevos caracteres en ella. Reconoció los caracteres anatómicos junto con los morfológicos externos para distinguir sus divisiones en el sistema de clasificación.

Describió 161 órdenes naturales frente a 100 de de Jussieu y los diferentes grupos o divisiones de su sistema de clasificación eran más naturales que los de de Jussieu aunque colocó a la Pteriydophyta en la misma clase Endogenae con los monocotiledóneos.

Además, trató a las Coníferas como una orden de la clase Exogenae junto con otras órdenes dicotiledóneas. De Candolle se hizo famoso no por su sistema de clasificación sino por su monumental obra titulada "Prodromus systematis naturalis regni vegetabilis", un libro en 17 volúmenes en el que describía todos los géneros y especies de plantas descubiertos hasta entonces.

Las descripciones son muy elaboradas y van acompañadas de referencias a la literatura anterior y al área de distribución de cada especie. Publicó muchos otros libros y formuló un conjunto de reglas para nombrar las plantas. Fue él quien introdujo el término taxonomía para designar el estudio de la clasificación y la denominación de las plantas.

- Notaron la diferencia en los tejidos vasculares de las plantas.

- Clasificaron las plantas en grupos vasculares y no vasculares.

- Intentaron omitir el sistema de Linneo mostrando las ventajas del sistema de Jussieu.

- Fueron los primeros en añadir la **Anatomía Vegetal** como herramientas de clasificación.

Stephen Endlicher publicó su **"Genera Plantarum"** (1836-1840) describiendo 6.835 géneros y los ordenó en un sistema propio. Aquí dividió el reino vegetal en dos regiones, a saber, **Thallophyta y Cormophyta. La Talófita incluía** plantas de estructura simple, sin tallo, raíz o vasos y sin órganos sexuales claramente definidos, por ejemplo, algas, hongos y líquenes.

La Cormophyta incluía plantas con tallo y raíces, con vasos y órganos sexuales claramente distinguibles. Colocó briofitas, pteridofitas y plantas con semillas bajo la Cormophyta. No pudo reconocer las Gymnospermae como un solo taxón distinto, pero colocó las Zamiae (Cícadas) con los Pteridophyta y las Coníferas con los dicotiledóneas.

e. El mejor y más popular de los sistemas naturales de clasificación es el de **George Bentham y Joseph Dalton Hooker,** dos botánicos británicos, ingleses de **Bentham & Hooker de finales del siglo XIX** que trabajaron en los jardines de Kew en Londres y que fueron responsables en gran medida de su establecimiento como la institución sistemática más importante del mundo. Gran parte del material de las primeras exploraciones fue depositado aquí. Clasificaron la Fanerogamia y dieron cuenta de 202 Ordenes Naturales bajo ese grupo. Esto se publicó en su gran obra monumental **"Genera Plantarum"** (1862-1883) donde se dieron descripciones elaboradas de todos y cada uno de los géneros y de los Ordenes Naturales junto con los nombres de todas las especies bajo cada género, los sinónimos, las localidades y la referencia a la literatura.

También se proporcionan claves para identificar fácilmente los órdenes y géneros naturales. Este libro demostró ser un libro de referencia muy útil, que además del sistema de clasificación dado aquí, se hizo muy popular en Gran Bretaña y otros países del mundo, incluyendo a América.

Como se ha señalado anteriormente, aquí sólo se tomaron las plantas de semillas y este grupo se dividió en **tres clases, a saber, las dicotiledóneas, las gimnospermas y las monocotiledóneas**. Las dicotiledóneas se subdividieron en 3 subclases, a saber, Polypetalae. **Gamopetalae y Monochlamydeae.**

Cada una de estas subclases incluía más de una serie. Las gimnospermas incluían sólo 3 Órdenes Naturales y no estaban subdivididas en subclases o series. Las monocotiledóneas incluían 8 series que no fueron puestas bajo ninguna subclase.

El sistema de clasificación de Bentham y Hooker es el mejor de todos los sistemas naturales. Aunque no es un sistema filogenético, los órdenes naturales (es decir, las familias) que tienen una relación estrecha se han agrupado en la mayoría de los casos y en las clasificaciones filogenéticas de los trabajadores posteriores se han mantenido muchos de esos grupos.

- Escribió **Genera Plantarum** durante 20 años, fue un compendio de descripciones genéricas dispuestas en un sistema natural. Sus descripciones se tomaron del material original y se destacan por su integridad y detalle y todavía hoy se consultan ampliamente.

- Las descripciones de los órdenes y géneros naturales son muy elaboradas y precisas, y se basan en el estudio real de los especímenes por los autores. Por lo tanto, con el fin de identificar las plantas, este sistema es muy útil.

- El sistema de Bentham and Hooker no es un sistema filogenético y se basa en la idea de la fijación de las especies. La posición de las gimnospermas en este sistema es muy insatisfactoria ya que se ha colocado entre las dicotiledóneas y las monocotiledóneas. Esta anomalía se observa también en otros casos en la colocación de los órdenes naturales bajo diferentes series.

- La serie Curvembryeae con órdenes naturales Nyctaginaceae, Amaranthaceae, Chenopodiaceae, Polygonaceae, Phytolaccaceae, etc. se ha colocado en Monochlamydeae mientras que Caryophyllaceae, que está estrechamente aliada con los órdenes naturales mencionados, se ha colocado en la serie Thalamifiorae de Polypetalae.

- En las monocotiledóneas, la inclusión de las Irideae y las Amarilideae en la misma serie con las Scitamineae y las Bromeliáceas es otro ejemplo de esa anomalía. En el uso de terminología de diferente rango de taxones no hay uniformidad.

• Así, bajo las subclases Polypetalae y Gamopetalae de dicotiledóneas los órdenes naturales se colocan bajo cohortes que a su vez se colocan bajo series. Pero en la subclase Monochlamydeae y en los monocotiledóneas los órdenes naturales se colocan directamente bajo la serie. En las gimnospermas los 3 órdenes naturales no se colocan bajo ninguna serie o cohorte.

• **A continuación se presenta una representación gráfica del esquema del sistema de clasificación de Bentham y Hooker:**

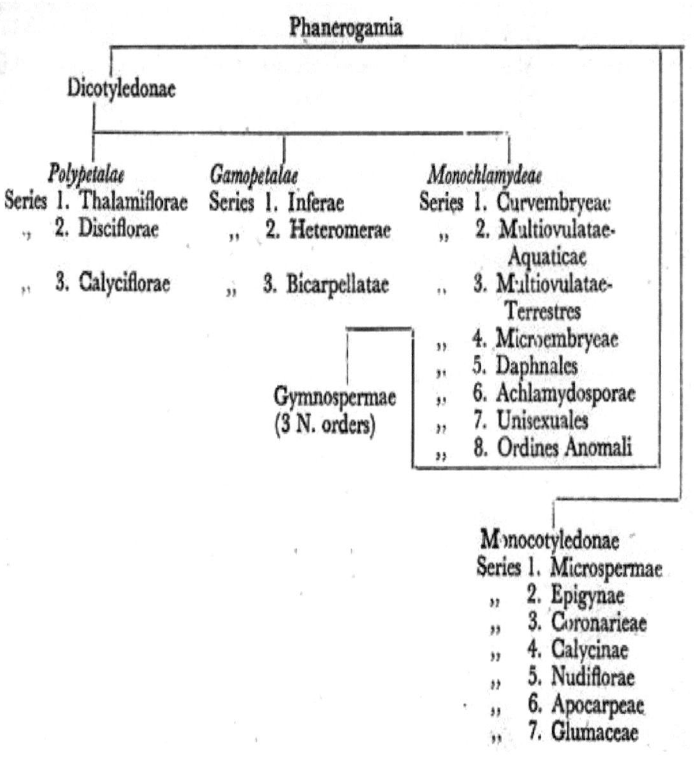

•

f. <u>Eichler</u>, el científico alemán que fue el primero en construir una clasificación basada en el pensamiento genético. Dividió las plantas en dos categorías: **1. Criptógamas (sistemas sexuales ocultos) 2. Fanerógamas (sistemas sexuales obvios). Las Criptógamas** se subdividen en **Talofita, Briofita y Pteridofita.** Las Fanerógamas se subdividen en **Gimnospermas y Angiospermas** y las angiospermas se dividen en **Monocotiledóneas y Dicotiledóneas.**

Eichler consideraba que el complejo sistema sexual es más avanzado que los simples y por eso muchos científicos crispaban su sistema.

g. <u>Engler y Prantl</u>, Profesor **Adolf Engler** de Botánica de la Universidad de Berlín, publicó (1887-1899) en colaboración con **Karl Prantl** una obra monumental titulada **"Die naturlichen Pflanzenfamilien"** en la que se ordenaban y describían sistemáticamente todos los géneros de plantas. Al hacerlo, propusieron un nuevo sistema de clasificación para todo el reino vegetal. Este sistema se basaba en cierta medida en el de Eichler, pero es un verdadero sistema filogenético. En este trabajo trataron de utilizar la terminología para los diferentes rangos de taxones de una manera más científica.

El término Orden Natural fue sustituido por el término Familia y para un taxón por encima del rango de las familias y que contiene varias familias estrechamente relacionadas se utilizó el término Reihe, equivalente a series o cohortes en el sistema de Bentham y Hooker. Dividieron todo el reino vegetal en **13 filas**, la última es la de las plantas de semillas y la llamaron la **<u>Embryophyta</u>**. Luego dividieron la embriofita en gimnospermas y angiospermas, y las angiospermas en monocotiledóneas y dicotiledóneas. Los dicots se clasifican en dos categorías según los caracteres del perianto.

Según Engler, el tipo de flor más primitivo no tiene perianto; el siguiente tipo más alto tiene un verticilo, y luego hay flores con dos verticilos de perianto. Cuando el perianto está en dos verticilos, pueden distinguirse en el cáliz o la corola o no. La condición gamopétalica es un avance sobre la condición polipétalica.

El número indefinido de estambres y carpelos es una condición primitiva, mientras que el número definido es de tipo avanzado. El ovario superior es también una condición primitiva de la que el ovario inferior ha salido a través del periginio. Aquí se presume que las dicotiledóneas y monocotiledóneas se derivaron separadamente de algún grupo extinto de gimnospermas.

Por lo tanto, considerando que los Pan-danales entre los monocotiledóneas y los dicotiledóneas amentiferas casi se acercan al tipo ancestral se colocan al principio de las 2 clases de Angiospermas. Las Monocotiledóneas se colocan antes que las Dicotiledóneas en este sistema.

La clasificación de la Fanerogamia según Engler y Prantl se muestra a continuación

Embryophyta Siphonogama

Subdivision A. Gymnospermae
   Class 1. Cycadofilicales
     ,, 2. Cycadales
     ,, 3. Bennettitales
     ,, 4. Ginkgoales
     ,, 5. Coniferae
     ,, 6. Cordaitales
     ,, 7. Gnetales
Subdivision B. Angiospermae.
   Class 1. Monocotyledoneae
     ,, 2. Dicotyledoneae
   Subclass 1. Archichlamydeae
     ,,   2. Metachlamydeae.

Class MONOCOTYLEDONEAE

Reihe 1. Pandanales
  ,, 2. Helobiae
  ,, 3. Triuridales
  ,, 4. Glumiflorae
  ,, 5. Principes
  ,, 6. Synanthae
  ,, 7. Spathiflorae
  ,, 8. Farinosae
  ,, 9. Liliflorae
  ,, 10. Scitamineae
  ,, 11. Microspermae

Class DICOTYLENDONEAE

Subclass Archichlamydeae

Reihe	1.	Verticillatae	Reihe	17.	Aristolochiales
"	2.	Piperales	"	18.	Balanophorales
"	3.	Hydrostachyales	"	19.	Polygonales
"	4.	Salicales	"	20.	Centrospermae
"	5.	Garryales	"	21.	Ranales
"	6.	Myricales	"	22.	Rhoedales
"	7.	Balanopsidales	"	23.	Sarraceniales
"	8.	Leitneriales	"	24.	Rosales
"	9.	Juglandales	"	25.	Pandales
"	10.	Julianiales	"	26.	Geraniales
"	11.	Batidales	"	27.	Sapindales
"	12.	Fagales	"	28.	Rhamnales
"	13.	Urticales	"	29.	Malvales
"	14.	Podostemonales	"	30.	Parietales
"	15.	Proteales	"	31.	Opuntiales
"	16.	Santalales	"	32.	Myrtiflorae

Reihe 33. Umbelliflorae

Subclass Metachlamydeae

Reihe	1.	Diapensiales	Reihe	5.	Ebenales	Reihe	9.	Rubiales
"	2.	Ericales	"	6.	Contortae	"	10.	Cucurbitales
"	3.	Primulales	"	7.	Tubiflorae	"	11.	Campanulatae
"	4.	Plumbaginales	"	8.	Plantaginales			

Las Monocotyledonae comienzan con Typhaceae de Pandanales y terminan con Orchidaceae de Microspermae. Las Casuarinaceae, la única familia del orden Verticillatae, es la primera familia de las Dicotiledóneas y la última familia es la Compositae, que se considera la más evolucionada de las familias dicotiledóneas.

Después de la publicación de Pflanzenfamilien, Engler, en colaboración con Gilg, publicó un libro de un solo volumen, Syllabus der Pflanzenfamilien, que contiene el sistema de clasificación de las plantas propuesto en Pflanzenfamilien.

Varias ediciones de este libro fueron publicadas más tarde por Engler y Diels con ligeras modificaciones del sistema. Después de la muerte de Engler, Diels publicó la 11ª edición en 1936 y Hans Melchior publicó la 12ª edición revisada del Syllabus (en dos volúmenes) en 1954-64.

El sistema de Engler fue adoptado por la mayoría de los botánicos y reemplazó al sistema de Bentham y Hooker en muchos países de Europa y América. Ha sido reconocido por el Congreso Botánico Internacional. Este es un sistema completo para todos los grupos de plantas y es un sistema filogenético.

En el caso de los dicotiledóneas se considera justificada la amalgama de Polypetalae y Monochlamydeae en un grupo Archichlamydeae.

La colocación de Orchidaceae al final de las monocotiledóneas y de Compositae al final de las dicotiledóneas también se considera adecuada, ya que estas 2 familias están más evolucionadas en sus respectivas clases. La posición de las Iridáceas, las Luncáceas y las Amarilidáceas que se muestran más cercanas a las Liliáceas también es apoyada por muchos botánicos.

Sin embargo, este sistema ha sido criticado por muchos. El origen de las monocotiledóneas se considera ahora como un grupo primitivo de dicotiledóneas y no separado de la cepa ancestral que dio origen a las dicotiledóneas. Son los ranales de los que se han derivado las monocotiledóneas, y esta orden es una de las más primitivas entre las dicotiledóneas y la posición que se le asigna en el sistema de Engler no puede justificarse.

Las familias portadoras de gatos situadas al principio de los Archichlamydeae están en realidad muy avanzadas ya que la simplicidad de las flores es el resultado de la reducción y no debido a la primitividad. En el caso de los monocotiledóneas también los pandanales están formados por las familias que son más bien recientes en la línea evolutiva y no son en absoluto primitivas.

Conclusión

Este periodo fue influenciado por lo siguiente: 1. Se inventó la imprenta 2. **Los individuos tenían confianza para intentar el trabajo   original 3. La navegación permitió la recolección de plantas de todo el mundo.** Para ello, este período fue un período activo de aprendizaje y exploración, mientras que se produjeron muchos grandes volúmenes sobre las plantas y sus usos (herbales). Fueron los esfuerzos iniciales de los antiguos para estructurar y ordenar la diversidad de plantas en flor. Además, se establecieron muchos géneros y familias naturales y bien definidos, además de nombrar las plantas como propuso Carl Linneo (padre de la taxonomía de las plantas). El comienzo de la taxonomía numérica (la genética) ha sido iniciado por **Adanson** . Un pensamiento temprano de la evolución ha sido logrado por **Lamark** así como el uso de estructuras internas además **de** las externas en la clasificación ha sido hecho por **de Candolle**.

5- Teoría de la Evolución

Antes de la teoría de la evolución de Charles Darwin, un geólogo llamado Charles Lyell propuso una teoría de **gradualismo geológico** *que* dice que *** hay un lento, continuo cambio producido características que vemos hoy en día *** . Así, Darwin pensó que la tierra era mucho más antigua que 6000 años y que el cambio evolutivo debía ocurrir a través de diferencias acumuladas gradualmente. Proporcionó pruebas concluyentes de que la evolución de las formas de vida ha ocurrido y propuso **la selección natural** como el mecanismo responsable de estos cambios. Al mismo tiempo, Alfred Wallace desarrolló una teoría evolutiva muy similar y ambas fueron presentadas en las reuniones de la London Linnaean Society.

La evolución y la diversidad sistemática de las plantas

La teoría de la evolución de Darwin dirigió todos los pensamientos taxonómicos hacia cómo las nuevas especies derivaban de las preexistentes? A esto lo llamamos **especiación. Se han** hecho muchos trabajos científicos para explicar este proceso y concluyeron que...

1-La especiación requiere variación y aislamiento

2-La especiación puede ocurrir sin aislamiento geográfico

3-La hibridación es una importante causa de especiación

La 4-Poliploidía es común

Así pues, dos conceptos importantes influyeron en la clasificación:

1. Las especies han evolucionado unas de otras a lo largo del tiempo, es decir, las especies tienen historias evolutivas - **filogenias**.

2. Las especies no están representadas por tipos ideales como pensaba Aristóteles, sino por **poblaciones variables**.

Desde la época de Darwin, la mayoría de los sistemas de clasificación han intentado reflejar las relaciones evolutivas.

1. Los primeros en hacerlo fueron los **alemanes**, en particular **Engler y Prantl**, que escribieron en varios volúmenes **Die Naturlichen Pflanzenfamilien de 1887 a 1915**. Ellos organizaron las plantas en una secuencia evolutiva empezando con las supuestamente primitivas y terminando con las más avanzadas.

- Una gran falla fue su suposición de que lo **simple es igual a lo primitivo**. Ahora se sabe que muchas estructuras aparentemente simples evolucionaron de estructuras más complejas a través de reducciones. Por ejemplo, algunas plantas no tienen ni sépalos ni pétalos, estas podrían considerarse primitivas y las plantas que tienen ambos podrían considerarse avanzadas. Sin embargo, la información procedente del estudio de los fósiles así como de la anatomía indica que algunas flores primitivas tenían tanto sépalos como pétalos y las que evolucionaron a partir de ellos perdieron uno o ambos.

- **Hasta aproximadamente 1980 era el estándar mundial y todos los herbarios y floras estaban dispuestos de acuerdo con él. Ahora es reemplazado por el sistema de Cronquist, el cual usaremos.**

2-Richard von Wettstein, otro botánico alemán, publicó un libro titulado **"Hand-buch der systematischen Botanik"** en 1901, cuya edición revisada salió en 1935. En él proponía un sistema similar al de Engler y Prantl, pero que difería en algunos casos en el trazado de la relación de los pedidos. Dividió los dicotiledones en Choripetalae y Sympetalae.

- El Choripetalae se subdivide de nuevo en Monochlamydeae y Dialypetaleae. Hay 29 órdenes bajo Choripetalae y 10 órdenes bajo Sympetalae. A diferencia de Engler, él considera que los monocotiledóneas se originaron de las dicotiledóneas y de la orden Policaripicae.

- Además, según él, Pandanales no es una orden de familias primitivas, sino que está más avanzada que Helobiae y Liliflorae, las dos órdenes de las que se han derivado todas las demás órdenes de los monocotiledóneas.

3. Bessey - de U. Nebraska a principios del siglo XX ideó un conjunto de dictados sobre qué características eran primitivas y cuáles avanzadas. Charles E. Bessey, profesor de botánica de la Universidad de Nebreska, EE.UU., también trató de elaborar la filogenia de las plantas de semillas, y después de varias sugerencias en esa línea publicadas en varios trabajos, finalmente publicó su sistema en 1915 bajo el título **"La taxonomía filogenética de las plantas con flor"**.

Dividió el grupo de las antofitas o angiospermas en Alternifoliae (Monocotyledonae) y Oppositifoliae (Dicotyledonae) y cada una de estas dos clases se subdividió en Strobiloideae y Cotyloideae.

Las subclases bajo Alternifoliae se dividen a su vez en Órdenes, cada una de las cuales tiene una o más Familias bajo ella, mientras que las subclases bajo Oppositifoliae tienen Súper órdenes bajo ellas y las Súper órdenes tienen las Órdenes y Familias en órdenes descendentes.

Bessey consideró que la línea dicotiledónea es primitiva en comparación con la línea monocotiledónea y entre las dicotiledóneas, las plantas con flores de tipo estrobiloide son muy primitivas. Por lo tanto, coloca a los Ranales al principio de su sistema de clasificación como lo han hecho Bentham y Hooker.

Las Magnoliaceae del orden Ranales es la familia más primitiva y las Lactucaceae de los Asterales son las más avanzadas entre los Dicots. Él divide las Compositae en varias familias y las Lactucaceae es una de esas nuevas familias.

Según Bessey, la antofita o las angiospermas procedían de la cepa benetíta y de las Alternifoliae, es decir, las Monocotyledonae se derivaban del grupo primitivo de las Oppositioliae, es decir, las Dicotyledonae.

- Primitivo se refiere a los que se encuentran en las plantas más antiguas, avanzado se encuentran en las plantas de evolución más reciente. Bessey desarrolló un sistema de clasificación basado en estos **dictados** y se asemejaba a un cactus.

Bessey preparó un gráfico para mostrar la relación de las órdenes de la Anthophyta y el gráfico se reproduce a continuación

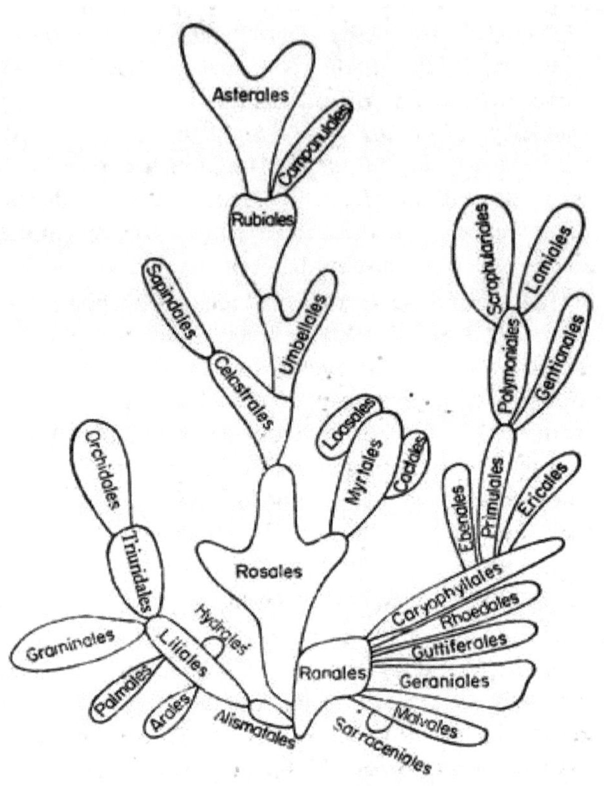

- En este gráfico el tamaño de los globos y otras figuras es proporcional al número de especies en un orden. El botánico alemán Hans Hallier propuso otro sistema filogenético en su "L'origine et le systeme phyletique des Angiospermes" (1912).

4-Hallier consideró que las angiospermas se derivaban de algún grupo extinto de Cycad aliado de Bennettitlaes. Al igual que Bessey, consideraba que las Monocotiledóneas eran más avanzadas que las Dicotiledóneas y que el primer grupo se derivaba de una cepa a la que llamaba Proberberideae.

- **Dividió las angiospermas en 5 grupos principales, a saber:**

- (1) Proterogenes.

- (2) Anonófilos,

- (3) Rodófilos,

- (4) Ochnigenes y

- (5) Monocotiledóneas.

- Hay 29 órdenes bajo las Dicotiledóneas y 7 órdenes bajo las Monocotiledóneas.

- Al igual que Bessey, consideraba que los ranales eran los más primitivos entre los dicotiledóneas y que las plantas con flores amentiferas eran más avanzadas debido a la reducción de las partes florales. Liliflorae es el primer orden en sus Monocotiledóneas.

- De Liliflorae deriva Helobiae Cyperales, Spadiciflorae, Enantioblastae y Ensatae en una línea y Artorrhizae en otra línea. Divide las Amaryllidaceae de los primeros botánicos en Agavaceae, Alstroemeriaceae y Amaryllidaceae y este tratamiento ha sido aprobado por los trabajadores modernos.

5-Alfred Barton Rendle del Museo Británico de Historia Natural publicó su libro "Classification of Flowering Plants" en 2 volúmenes en 1904 y 1925. Para organizar las familias siguió el sistema de Inglaterra en general con ligeras modificaciones. Como en el sistema de Engler, las Monocotiledóneas se colocaron antes que las Dicotiledóneas. En las Monocotiledóneas los Pandanales son el primer orden y las Dicotiledóneas parten de los Salicales.

- Divide el Archichlamydeae en dos grados, a saber, **Monochlamydeae y Dialypetalae** mientras que el **Sympetalae permanece** como grado 3. El Dialypetalae está más avanzado que el Monochlamydeae y comienza con los Ranales. El Sympetalae se originó en el Dialypetalae en varias líneas.

- Se ha subdividido en 2 grupos, las **Pentacíclicas y las Tetraciclicas**. Las tetraciclias se dividen a su vez en Superae e Inferae. En su libro las descripciones de las familias y órdenes son muy elaboradas y en muchos casos la filogenia de los diferentes grupos ha sido muy bien discutida.

• Incluso entonces se considera que su sistema es importante sólo desde el punto de vista de la conveniencia que desde el punto de vista filogenético. Como en el sistema de Engler, la Monocotyledonae termina en Orchidaceae y la Dicotyledonae termina en la familia Compositae. Al igual que Engler, consideraba que las monocotiledóneas y las dicotiledóneas se originaban independientemente de un tronco común.

• August A. Pulle del Museo Botánico de Utrecht publicó un sistema de clasificación de los espermatofitosos en 1938. Esta fue una ligera modificación del sistema de Engler. Según él, los espermatofitos se dividen en 4 subdivisiones, a saber, Pteridospermae, Gymnospermae, Chlamydospermae (Gnetales) y Angiospermae.

• La última se divide en Monocotiledóneas y Dicotiledóneas. Las divisiones de las gimnospermas extintas y vivas son consideradas como grupos naturales por la mayoría de los trabajadores modernos. También propuso algunos cambios de posición de algunas órdenes angiospérmicas en el sistema de Engler para mostrar sus afinidades.

6-John Hutchinson, un botánico británico que trabaja en el Real Jardín Botánico de Kew, Londres, publicó un sistema filogenético para clasificar las familias de las angiospermas en su libro "Las familias de las plantas con flores". El primer volumen que contiene las dicotiledóneas apareció en 1926 y el segundo en 1934, y en 1960 se publicó una edición revisada del primer volumen.

• Dividió su Fila-angiospermas en dos subfilas, a saber, dicotiledones y monocotiledones. Las dicotiledóneas se originaron según él de una cepa ancestral llamada Proangiospermae aliada a los Bennettales. Los dicotiledones primitivos se desarrollaron en dos líneas separadas, una predominantemente leñosa y la otra herbácea.

• Los primitivos dicots con flores hermafroditas e hipoglucémicas con numerosas partes libres y dispuestas en espiral se colocan en los Archichlamydeae de los que se deriva el Metachlamydeae.

• En el sistema revisado abolió los grupos Archichlamideae y Metachlamideae, y colocó las familias leñosas bajo la división Lignosae y las familias herbáceas bajo la división Herbaceae, los 2 grupos originados en 2 líneas separadas de las Proangiospermae.

- Las monocotiledóneas se originaron según él en los Ranales, y fueron subdivididas por él en 3 divisiones, a saber, Calyciferae, Corolliferae y Glumiflorae. Aquí también se consideran primitivas aquellas familias que suelen tener flores hermafroditas e hipoglucémicas con numerosas partes libres y dispuestas en espiral.

- Tales familias entre las monocotiledóneas son casi todas acuáticas y por lo tanto concluye que las Monocotiledóneas se derivaron de las Dicotiledóneas primitivas a través del medio acuático. Los Butomales y Alismatales se consideran los más primitivos entre las monocotiledóneas de las que se han derivado otras familias de Calyciferae.

- Corolliferae se ha derivado de Butomales y Commelinales de Calyciferae. Liliales forma la reserva basal de otras órdenes de Corolliferae y también de Glumiflorae la tercera división de las Monocotiledóneas. Divide a los Pandanales de Engler en Pandanales y Tifales y considera que las familias bajo ellos son mucho más recientes y nada primitivas.

- Divide las liliáceas de los botánicos más antiguos en liliáceas, tecofiliáceas, triliáceas, smiliáceas y ruscáceas y transfiere las dracénicas a las agaváceas, las luzuriáceas a las filiáceas y las aliáceas a las amarilidáceas. Este tratamiento de las antiguas Liliaceae cuenta con la aprobación de la mayoría de los botánicos modernos.

- El sistema de clasificación de los monocotiledóneas de Hutchinson parece ser más satisfactorio que cualquier otro sistema propuesto por los anteriores trabajadores en esta línea. La reorganización de las órdenes y la reordenación de las familias han obtenido el apoyo de la anatomía y la citología.

- El origen de las monocotiledóneas de las dicotiledóneas primitivas se considera ahora un hecho acordado por todos los taxonomistas modernos. Sin embargo, en el caso de los dicots, dividir el grupo en 2 divisiones separadas desde el principio en Lignosae y Herbaceae parece ser arbitrario e ilógico.

- Y como resultado de esto muchas familias naturales tuvieron que ser viviseccionadas innecesariamente y la filogenia fue mezclada en lugar de simplificada. La colocación de Magnoliales y Ranales al principio de los dicots y la consideración de las Amentiferae como un grupo más avanzado son los puntos que han sido apoyados por otros trabajadores.

7-El profesor Oswald Tippo de la Universidad de Illinois, EE.UU., propuso un sistema de clasificación en 1942 para los principales taxones de todo el reino vegetal. Aquí tomó en consideración los caracteres anatómicos, paleobotánicos y morfológicos y siguió en gran medida a Gilbert Smith y Eames.

• Dividió el reino de las plantas en dos sub-reinos, Thailophyta y Embryophyta, cada uno con varias filas. En la Embriofita hay dos Filas, a saber, Briofita y Traqueofita. La Phyllum Tracofita contiene 4 subfilas, a saber, Psilopsida, Licopsida, Espenopsida y Pteropsida.

• Bajo Pteropsida hay 3 clases, a saber: Filicinas, Gimnospermas y Angiospermas. Bajo la clase Angiospeimae hay 2 subclases, a saber, las dicotiledóneas y las monocotiledóneas. La disposición de los órdenes y familias de estas dos subclases no se han mostrado aquí.

8-Alfred Gunderson publicó un libro en 1950, titulado **"Families of Dicotyledons"**. En este libro la clase Dicotyledonae se ha dividido en 42 órdenes para incluir 242 familias de las cuales 240 se distribuyen bajo los 42 órdenes y 2 se colocan al final como Incertae Sedis (apartadas).

• Magnoliales es el primer orden entre los dicots y es seguido por Ranales. El último orden es Asterales que contiene 3 familias, a saber, Calyceraceae, Compositae y Chicoriaceae. Ha dado datos citológicos de las familias hasta donde se dispone de ellos.

9-En 1954 L. A. Kuprianova, un botánico ruso, publicó un esquema para mostrar la fitogenia de la clase Monocotyledonae basado en datos l'alynológicos. Llega a la conclusión de que las monocotiledóneas se han derivado de las Proangiospermae o Protoanthophyta en diferentes líneas directamente, así como a través de los Polycarpicae de las dicotiledóneas.

• Por lo tanto, la Monocotyledonae es de origen polifilético. Las familias Liliaceae y Palmae se derivan directamente, pero por separado, de las Proangiospermae, Alismataceae y Juncaginaceae de Ranales y Araceae probablemente de los Piperales de las Dicotiledóneas.

• Las liliáceas dieron origen a las Thurniaceae, Juncaceae y Cyperaceae en una línea y de las Amaryllidaceae a las Orchidaceae en otra línea. Palmae dio origen a Cyclanthaceae, etc. a Graminae. Las aráceas dieron origen a las Lemnaceae, y el grupo de familias Helobiae se derivó de las Alismataceae y las Juncaginaceae.

• El problema de la clasificación de las Angiospermas atrajo la atención de muchos trabajadores recientes y los sistemas propuestos por A. Takhtajan y también por A. Cronquist han sido muy populares ya que se consideran muy cercanos a la perfección y muestran las afinidades naturales mucho más claramente entre los diferentes taxones de plantas con flor.

10-Armen Takhtajan es un reputado paleobotánico que trabaja en el Instituto Botánico Komarov de Leningrado. También ha hecho grandes contribuciones en el campo de la taxonomía de las angiospermas y propuso un sistema de clasificación de las angiospermas en 1942 basado en los tipos estructurales del gineceo y la placenta.

• Más tarde, en 1959, propuso otro sistema en el que divide Ranales en Magnoliales, Illiciales, Tochodendrales, Ranales y Dilleniales. También divide los Ninfales en Ninfas y Nelumbonales. Según él, las monocotiledóneas se derivan de las dicotiledóneas a lo largo de las ninfas a través del medio acuático.

• Magnoliales es el orden más primitivo entre las Dicotiledóneas de las que se originaron los otros órdenes de esta clase. Modificó este sistema y lo publicó en su libro "Plantas con flores, origen y dispersión" en 1969.

• Aquí adoptó una nueva terminología para los taxones superiores también según las reglas de nomenclatura de las plantas. Por lo tanto, llama a las Angiospermas como Magnoliophyta, a las Dicotiledóneas como Magnoliatae y a las Monocotiledóneas como Liliatae.

• **Un esquema de su sistema puede ser representado gráficamente como se muestra a continuación**

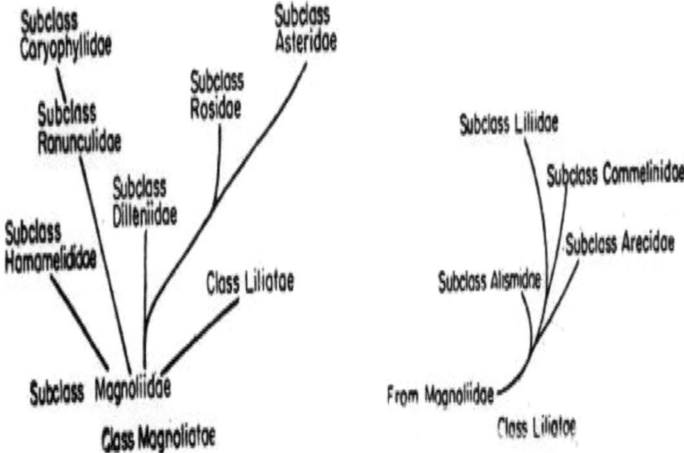

11-Arthur Cronquist del Jardín Botánico de Nueva York dibujó un esquema para mostrar la relación de las órdenes de las Dicotiledóneas en 1957. Más tarde, en 1965, publicó un documento que discute el problema de la clasificación de las plantas con flores, donde reconoció 5 complejos entre las Dicotyledonae.

- De estos 5 complejos, el complejo ranaliano es el más primitivo y de él se han derivado los demás complejos de las dicotiledóneas, así como la clase Monocotyledonae. Finalmente publicó su libro "Evolución y clasificación de las plantas con flores" en 1968 donde clasificó las Dicots o las Magnoliatae en 6 subclases, a saber, Magnoliidae, Dilleniidae, Caryophyllidae, Hamamelidae, Rosidae y Asteridae.

- Magnoliidae es la subclase más primitiva de la que se han derivado Dilleniidae, Caryophyllidae, Hamamelidae y Rosidae, mientras que Asteridae se originó en Rosidae. La relación de estas seis subclases ha sido mostrada gráficamente por él con la ayuda de figuras parecidas a globos, los tamaños de los globos dan una idea del número de órdenes y familias en cada subclase.

- **Esto se reproduce a continuación:**

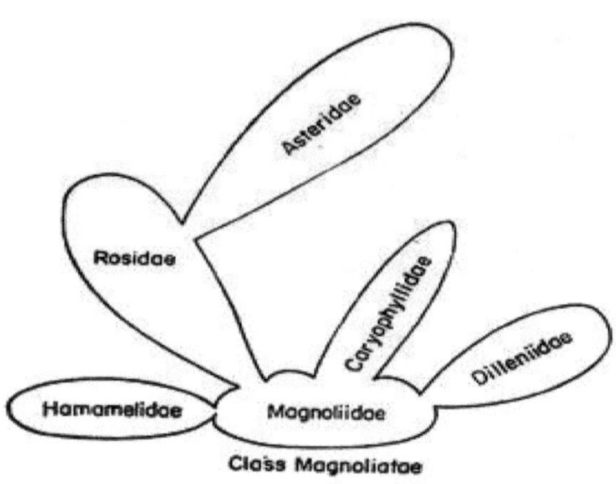

- Deriva los nombres de las subclases de un orden incluido en ella y lo que forma la cepa basal para los demás órdenes de esa subclase, excepto en el Asteridae, donde el Asterales es el orden más alto que contiene las familias más recientes entre los dicots (o Magnoliatae). El orden más primitivo de esa subclase es el de los Gentianales que, sin embargo, no forma la cepa basal de los demás órdenes de Asteridae.

- Como ya se ha señalado, Cronquist considera que las monocotiledóneas o la clase Liliatae se originaron a partir de algún orden dicotiledóneo primitivo incluido en el complejo Ranalean, es decir, en la subclase Magnoliidae. Al igual que Takhtajan, clasifica los Liliatae en 4 subclases, a saber, Alismatidae, Arecidae, Liliidae y Commelinidae y los representa gráficamente como se muestra a continuación:

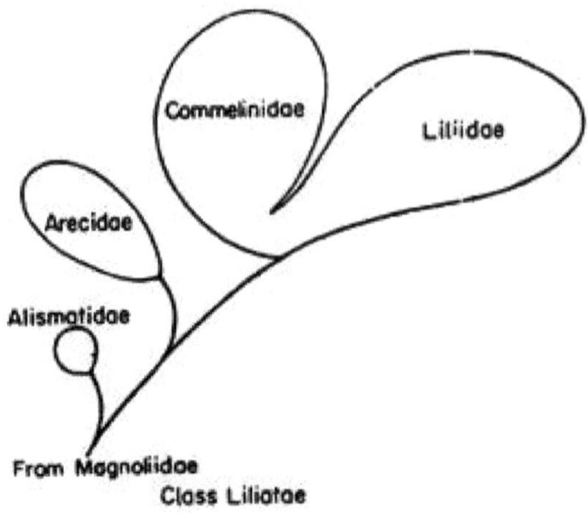

- En la edición revisada de su libro, Cronquist nombra las 2 clases de Angiospermas como Magnoliopsida y Liliopsida. Aquí divide la Liliopsida en 5 subclases como se representa gráficamente a continuación:

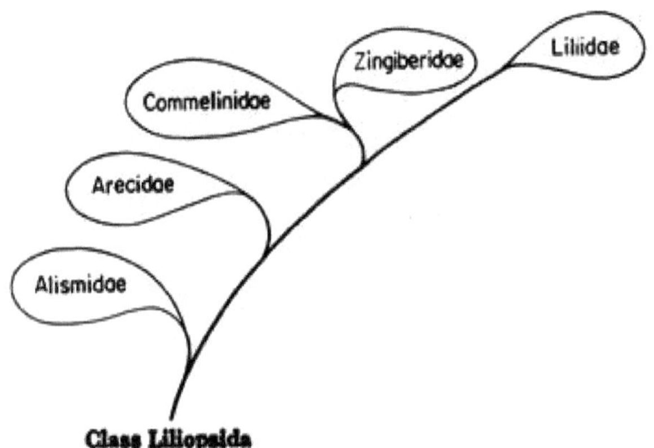

Cronquist del Jardín Botánico de Nueva York y **Takhtajan** del Instituto Botánico de San Petersburgo (Leningrado).

- Trabajando de forma independiente, ambos llegaron a clasificaciones sorprendentemente similares alrededor de **1968**. Ambas representan síntesis de datos de prácticamente todas las áreas de la ciencia botánica, por ejemplo, anatomía, genética, fisiología, paleobotánica, química, etc.

- Cronquist's parece haber ganado mucha más aceptación y ahora es más popular, probablemente en gran parte por estar en inglés.

- El sistema de Engler y Prantl se utilizó más ampliamente por ser más lógico y fácil de usar.

- El sistema Rendle también ha ganado popularidad por su división de los dicots en **Apetalae, Monopetalae y Polypetalae.**

C. Mez, un botánico alemán, adelantó una teoría según la cual la relación entre los principales grupos de plantas podría determinarse mediante pruebas **seroquímicas** o el diagnóstico del suero. Trabajando con **H. Ziegenspeck** preparó un árbol filogenético en 1926 para mostrar la evolución de la vida vegetal desde la Talofita hasta las Angiospermas.

- Aquí demostraron que entre los dicots Trochodendraceae, magnoliaceae, Anonaceae, Aristolochiaceae, Myrtaceae, etc. están las familias más primitivas y los nomocots ramificados de una cepa que dan origen a estos primitivos dicots.

- Consideran que Compositae está en la posición más alta en la línea principal de la evolución. Alismataceae, Juncaginaceae, Butomaceae, etc: ocupan la posición basal de la rama monocotiledónea mientras que la familia de las gramíneas, Eriocaulaceae, Restionaceae, Orchidaceae y Zingiberaceae terminan las ramas en la parte superior.

- Este es un intento de resolver el problema de rastrear la filogenia de los grupos de plantas desde un ángulo diferente. Esto, sin embargo, no ha ganado mucha popularidad.

Personajes primitivos y avanzados en las angiospermas:

Se presume que el antepasado inmediato de las angiospermas tenía una flor parecida a un estrobillo. En tal flor el tálamo era largo y en ella había un número indefinido de estambres (microsporofilas) y pistilos (megasporofilas) dispuestos en espiral. Por lo general, las plantas eran árboles con crecimiento secundario y hojas anchas de nervadura neta. En el curso de la evolución aparecieron modificaciones en todas las partes de la planta y en el trazado de la filogenia de los diferentes grupos de plantas son necesarias para realizar y distinguir los caracteres primitivos y avanzados que se manifiestan en los diferentes grupos.

En las angiospermas, los caracteres primitivos y avanzados se señalan a continuación

Primitive	*Advanced*
1. Woody	Herbaceous
(Trees and shrubs are primitive to climbers)	
2. Long lived	Short lived
(Perennials)	(Biennials primitive than annuals)
3. Terrestrials	Aquatics, epiphytes, saprophytes, parasites.
4. Leaves simple	Leaves compound
5. Leaves net-veined	Leaves parallel-veined
6. Stipules present	Stipules absent
7. Solitary flower	Inflorescence
8. Actionomorphic flower	Zygomorphic flower
9. Bisexual flower	Unisexual flower
10. Monoecious habit	Dioecious habit
11. Flower with all whorls present	Flower with reduced number of whorls
12. Members many in each whorl of a flower	Members few
13. Members in each whorl free	Members united
14. Whorls all free	Whorls wholly or partially united
15. Hypogynous	Peri- or epigynous
16. Spiral arrangement	Cyclic arrangement
17. Contorted aestivation	Imbricate or valvate
18. Stamens not differentiated into filament and anther, pollen sacs embedded in broad petal like structure	Stamens differentiated into filament and anthers
19. Carpels merely folded, stigmatic along the unsealed margin	Carpels, completely closed, stigma terminal
20. Pollen monocolpate	Pollen tricolpate
21. Simple fruit	Compound fruit
22. Capsular type fruit	Berry or drupe
23. Seed with copious endosperm and small embryo	Seed with scanty or no endosperm and large embryo
24. Vascular bundles in a cylinder enclosing a pith	Vascular bundles scattered
25. Cambium present and active	Cambium absent
26. Vessels absent	Vessels present
27. Chlorophyl present	Chlorophyl absent (i.e., parasites and saprophytes)
28. Evergreen	Deciduous

Revuelta de la 6-Taxonomía

Desde los tiempos de Charles Darwin, ha sido el sueño de muchos biólogos reconstruir la historia evolutiva de todos los organismos de la Tierra y expresarla en forma de un árbol filogenético. La filogenia utiliza la distancia evolutiva, o relación evolutiva, como una forma de clasificar los organismos (taxonomía).

Del estudio precedente sobre el desarrollo de la taxonomía de las plantas, podemos observar que las reglas de clasificación son puramente de invención humana y arbitrarias, simplemente son cuestión de elección. Así, los taxonomistas comenzaron a revolucionar con la revolución de los microscopios y las técnicas modernas. La invención de los microscopios de barrido hizo que las cosas fueran fáciles de conocer y que las estructuras internas se hicieran más evidentes. Las secuencias de ADN y el estudio de la organización comparativa del genoma en las plantas hicieron más precisa la detección de las relaciones entre los taxones. Simplemente, podemos decir que se ha iniciado una nueva era de taxonomía.

I. A principios del siglo XX la mayoría de los botánicos se dieron cuenta de que había algunos problemas con los conceptos de las especies, pero la mayoría estuvo de acuerdo en que las especies eran entidades morfológicamente distintas. También a principios de este siglo las floras de Europa y América del Norte habían superado en gran medida las fases de pionera y de consolidación y eran suficientemente conocidas como para que muchos científicos iniciaran investigaciones experimentales o biosistemáticas de las plantas. Aunque no necesariamente taxónomos y algunos ni siquiera botánicos, su trabajo ha tenido profundas influencias en la sistemática de las plantas.

II- Después del uso de análisis de proteínas en la taxonomía, las plantas se hacen evidentes que son eucariotas **fotosintéticas** y también se les llama embriofitas ya que producen un embrión que está protegido por los tejidos de la planta madre. Las plantas se derivan de una sola rama del árbol evolutivo y por lo tanto se dice que son monofiléticas. Según la evidencia fósil, las plantas se derivaron de las algas verdes, hace 500 millones de años. La invasión de la tierra fue difícil para las plantas de adaptarse por varias razones. Por lo tanto, las plantas sufrieron una serie de adaptaciones como el desarrollo de raíces, tallos, hojas y semillas.

La sistemática lleva la taxonomía un paso más allá al dilucidar nuevos métodos y teorías que pueden utilizarse para clasificar las especies. Esta clasificación se basa en rasgos de similitud y posibles mecanismos de evolución. En el decenio de 1950, William Hennig, biólogo alemán, propuso que la sistemática reflejara la historia evolutiva conocida de los linajes, enfoque que denominó sistemática **filogenética**. Por lo tanto, la sistemática filogenética propuso que la sistemática reflejara la historia evolutiva conocida de los linajes, un enfoque que denominó sistemática filogenética. Por lo tanto, la sistemática filogenética es el campo que se ocupa de identificar y comprender las relaciones evolutivas entre muchos tipos diferentes de organismos. Las relaciones filogenéticas han sido tradicionalmente estudiadas en base a datos morfológicos. Los científicos solían examinar diferentes rasgos o características y trataban de establecer el grado de relación entre los organismos. Luego los científicos se dieron cuenta de que no todas las características compartidas son útiles para estudiar las relaciones entre los organismos. Este descubrimiento condujo a un estudio de la sistemática llamado cladística. La cladística es el estudio de las relaciones filogenéticas basadas en características compartidas y derivadas. Hay dos tipos de características, rasgos primitivos y rasgos derivados. *Los rasgos primitivos* son características de los organismos que estaban presentes en el ancestro del grupo que se está estudiando. No indican nada acerca de las relaciones de las especies dentro de un grupo porque se heredan del ancestro a todos los miembros del grupo. *__Los rasgos derivados son características de los organismos que__* han evolucionado dentro del grupo estudiado. Estas características no estaban presentes en el ancestro. Son útiles porque pueden ayudar a explicar por qué algunas especies tienen rasgos comunes. La explicación más probable de la presencia de un rasgo que no estaba presente en el ancestro de todo el grupo es que evolucionó a partir de un ancestro más reciente.

Existen dos amplios grupos de análisis para examinar las relaciones filogenéticas: Los métodos filogenéticos **y los métodos cladísticos**. Los métodos fonéticos, o taxonomía numérica, utilizan diversas medidas de similitud general para la clasificación de las especies. Pueden utilizar cualquier número o tipo de caracteres, pero los datos deben convertirse en un valor numérico. Los organismos se comparan entre sí para todos los caracteres y luego se calculan las similitudes. Después de esto, los organismos se agrupan en base a las similitudes. Estos grupos se llaman fenogramas. No reflejan necesariamente la relación evolutiva. **El método cladístico** se basa en la idea de que los miembros de un grupo comparten una historia evolutiva común y están más estrechamente relacionados con los miembros del mismo grupo que con cualquier otro organismo. Las características derivadas compartidas se llaman sinapomorfas.

La filogenética puede utilizar tanto datos moleculares como morfológicos para clasificar los organismos. Los métodos moleculares se basan en estudios de secuencias de genes. El supuesto de esta metodología es que las similitudes entre los genomas de los organismos ayudarán a desarrollar una comprensión de la relación taxonómica entre estas especies. Los métodos morfológicos utilizan el fenotipo como base de la filogenia. Estos dos métodos están relacionados ya que el genoma contribuye fuertemente al fenotipo de los organismos. En general, los organismos con genes más similares están más estrechamente relacionados. La ventaja de los métodos moleculares es que permiten el estudio de genes sin expresión morfológica.

Las relaciones entre las especies pueden representarse mediante un árbol filogenético. Esta es una representación gráfica que tiene nodos y ramas. Los nodos representan unidades taxonómicas. Las ramas reflejan las relaciones de estos nodos en términos de descendencia. La longitud de las ramas suele indicar alguna forma de distancia evolutiva. Las especies realmente existentes, llamadas unidades taxonómicas operacionales (OTUs), están en la punta de las ramas en los nodos externos.

Métodos de construcción de árboles

Se han propuesto algunos métodos para la construcción de árboles filogenéticos. Pueden clasificarse en dos grupos, **los métodos cladísticos** (parsimonia máxima y probabilidad máxima) y **el método filogenético** (método de la matriz de distancia).

Los árboles de parsimonia máxima implican que las hipótesis simples son más preferibles que las complicadas. Esto significa que la construcción del árbol mediante este método requiere el menor número de cambios evolutivos para explicar la filogenia de la especie en estudio. En el procedimiento, este método compara diferentes árboles parsimoniosos y elige el árbol que tiene el menor número de pasos evolutivos (sustituciones de nucleótidos en el contexto de la secuencia de ADN).

Máxima probabilidad Este método evalúa las topologías de los diferentes árboles y elige el mejor en base a un modelo específico. Este modelo se basa en el proceso evolutivo que puede dar cuenta de la conversión de una secuencia en otra. El parámetro considerado en la topología es la longitud de la rama.

La matriz de distancia es un enfoque genético preferido por muchos biólogos moleculares para el trabajo con el ADN y las proteínas. Este método estima el número medio de cambios (por sitio en secuencia) en dos taxones que han descendido de un ancestro común. Hay mucha información en las secuencias de genes que debe ser simplificada para poder comparar sólo dos especies a la vez. La medida pertinente es el número de diferencias en esas dos secuencias, medida que puede interpretarse como la distancia entre las especies en términos de parentesco.

La filogenia molecular fue sugerida por primera vez en 1962 por Pauling y Zuckerkandl. Observaron que las tasas de sustitución de aminoácidos en la hemoglobina animal eran aproximadamente constantes a lo largo del tiempo. Describieron las moléculas como documentos de la historia de la evolución. El método molecular tiene muchas ventajas. Los genotipos pueden ser leídos directamente, los organismos pueden ser comparados incluso si son morfológicamente muy diferentes y este método no depende del fenotipo.

La filogenia se utiliza actualmente en muchos campos como la biología molecular, la genética, la evolución, el desarrollo, el comportamiento, la epidemiología, la ecología, la sistemática, la biología de la conservación y la medicina forense. Los biólogos pueden inferir hipótesis a partir de la estructura de los árboles filogenéticos y establecer modelos de diferentes acontecimientos en la historia de la evolución. La filogenia es una forma excepcional de organizar la información evolutiva. A través de estos métodos, los científicos pueden analizar y dilucidar diferentes procesos de la vida en la Tierra.

Hoy en día, los biólogos calculan que hay alrededor de 5 a 10 millones de especies de organismos. Diferentes líneas de evidencia, incluyendo la secuenciación de genes, sugieren que todos los organismos están genéticamente relacionados y pueden descender de un ancestro común. Esta relación puede ser representada por un árbol evolutivo, como el Árbol de la Vida. El Árbol de la Vida es un proyecto que se centra en la comprensión del origen de la diversidad entre las especies utilizando la filogenia.

En esta época han surgido nuevas terminologías; las relaciones evolutivas de una especie o grupo de especies pueden utilizarse para construir grupos taxonómicos; la historia evolutiva de una especie o grupo de especies se denomina filogenia.

- o Un árbol filogenético es una hipótesis que describe las relaciones evolutivas entre grupos de organismos; en los árboles filogenéticos detallados, los puntos de las ramas indican cuándo las nuevas especies se separaron de un antepasado común.

o   Las especies (o grupos de especies) y su antepasado común más reciente forman un clado dentro de un árbol filogenético.

o   Los árboles filogenéticos construidos con métodos modernos pueden representar la relación entre clados y grupos taxonómicos.

adaptación -- Cambio en un organismo resultante de la selección natural; una estructura   que   es el resultado de dicha selección.

anagensis -- Cambio evolutivo a lo largo de un linaje no ramificado; cambio sin especiación.

ancestro -- Cualquier organismo, población o especie de la cual algún otro organismo, población o especie desciende por reproducción.

Grupo basal -- El primer grupo divergente dentro de un clado; por ejemplo, formular la hipótesis de que las esponjas son animales basales es sugerir que el(los) linaje(s) que conduce(n) a las esponjas se separó(n) del linaje que dio origen a todos los demás animales.

> **clado** -- Un taxón monofilético; un grupo de organismos que incluye el ancestro común más reciente de todos sus miembros y todos los descendientes de ese ancestro común más reciente. De la palabra griega "klados", que significa rama o ramita.

> **cladogénesis** -- El desarrollo de un nuevo clado; la división de un solo linaje en dos linajes distintos; especiación.

> **cladograma** -- Un diagrama, resultado de un análisis cladístico, que representa una hipotética secuencia de ramificaciones de linajes que conducen a los taxones en cuestión. Los puntos de ramificación dentro de un cladograma se llaman nodos. Todos los taxones se encuentran en los puntos finales del cladograma.
> **convergencia** -- Similitudes que han surgido independientemente en dos o más organismos que no están estrechamente relacionados. Contrasta con la homología.

__Taxón monofletico__ : Un grupo compuesto por una colección de organismos, incluyendo el ancestro común más reciente de todos esos organismos y todos los descendientes de ese ancestro común más reciente.   Un taxón monofletico también es llamado clado. Los grupos y linajes monofiléticos son la base fundamental de la taxonomía y la evolución en su conjunto. Todo dentro de un grupo monofletico es descendiente de un solo ancestro común y por lo tanto son los clades de los que hablamos típicamente en biología y paleontología.

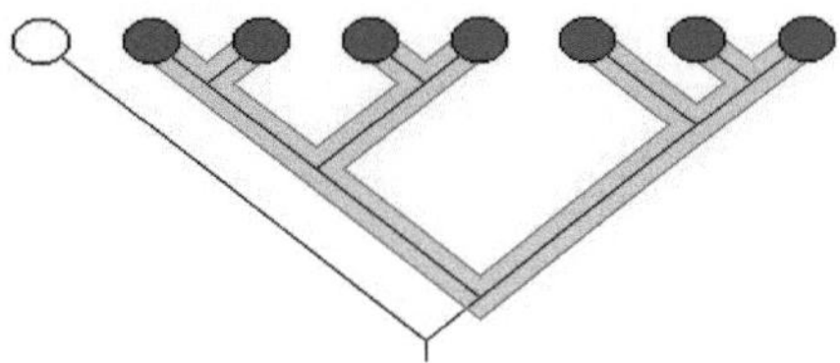

<u>Taxón parafilético</u> : Un grupo compuesto por una colección de organismos, incluyendo el más reciente ancestro común de todos esos organismos.   A diferencia de un grupo monofilético, un taxón parafilético no incluye todos los descendientes del antepasado común más reciente. Los grupos parafiléticos no incluyen a todos los descendientes de un único ancestro común

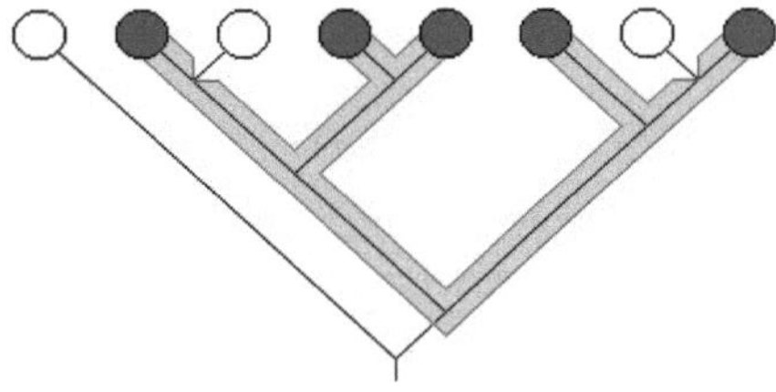

<u>Taxón polifilético</u> : Un grupo compuesto por una colección de organismos en el que el antepasado común más reciente de todos los organismos incluidos no está incluido, generalmente porque el antepasado común carece de las características del grupo.

Los taxones polifiléticos se consideran "antinaturales" y suelen ser reclasificados una vez que se descubre que son polifiléticos. Los grupos polifiléticos son aquellos que tienen múltiples orígenes y, por lo tanto, no comparten un ancestro común o, de hecho, no tienen mucho en común, aparte de cualquier rasgo que los mantenga unidos.

Polyphyletic taxon :

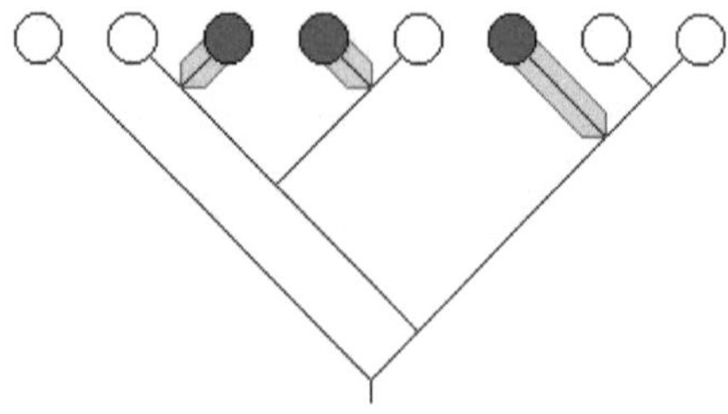

En filogenética, el **grupo de la corona de** una colección de especies consiste en los representantes vivos de la colección junto con sus antepasados hasta su más reciente antepasado común, así como todos los descendientes de ese antepasado. Por lo tanto, es aclade, un grupo que consiste en una especie y todos sus descendientes.

Un grupo **pan** o **grupo total** es el grupo de la corona y todos los organismos están más estrechamente relacionados con él que con cualquier otro organismo.

Un **grupo de tallo** es un grupo parafilético compuesto por un grupo pan o un grupo total, *menos* el grupo de la corona en sí (y por lo tanto menos todos los miembros vivos del grupo pan). Los taxones totales y los taxones de la corona requieren definiciones basadas en el tallo y en el nudo, respectivamente. Dado que un taxón total incluye todos los grupos externos actualmente conocidos y potencialmente extintos que están más estrechamente relacionados con un taxón de la corona en particular (Cuadro 1), el taxón total debe tener una definición basada en el tallo.

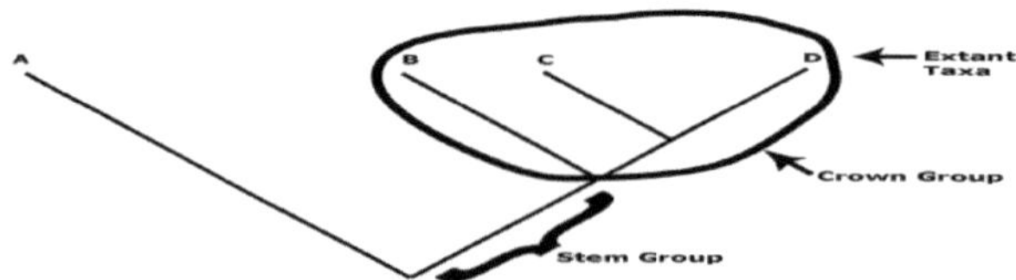

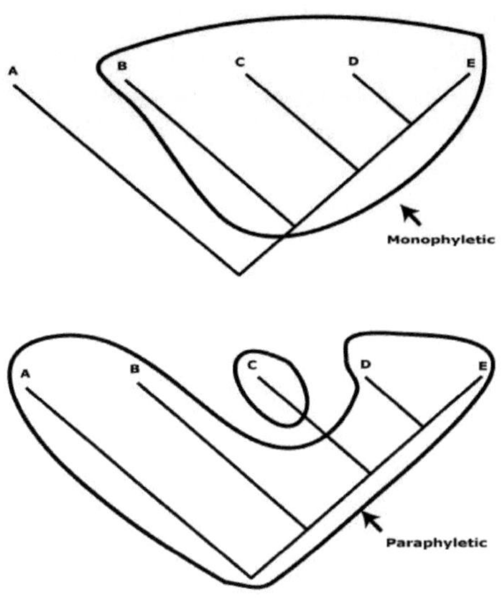

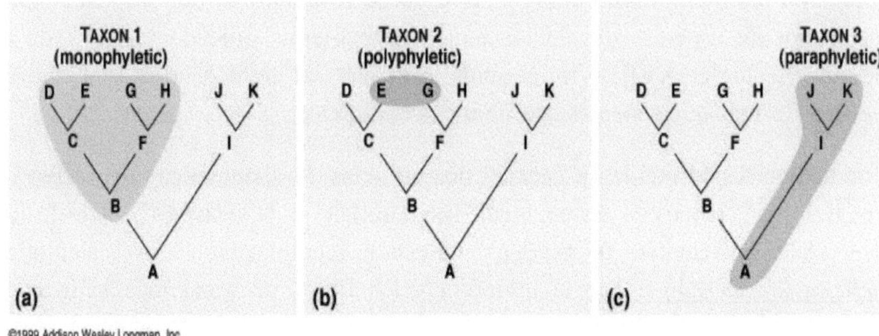

Un taxón (pl. **taxa**) es cualquier grupo de organismos al que se le da un nombre taxonómico formal. En términos generales, un taxón **monofilético** es aquel que incluye un grupo de organismos descendientes de un solo ancestro, mientras que un taxón **polifilético** está compuesto por organismos no relacionados que descienden de más de un ancestro.

Estas definiciones poco precisas no reconocen el hecho de que **todos los organismos están relacionados**, por lo que cualquier grupo concebible es lógicamente **"monofilético"**. En el uso moderno, un taxón **monofilético** se define como aquel que incluye el antepasado **común más reciente** de un grupo de organismos, **y todos sus descendientes** [como en **a)**]. Tales grupos se denominan a veces **holofléticos**. También es posible reconocer un taxón **parafilético como uno que incluye el antepasado común más reciente, pero no todos sus descendientes** [como en el apartado **c)**]. Un taxón **polifilético** se define como aquel que **no incluye el ancestro común** de todos los miembros del taxón [como en **b)**].

Sistemas de taxonomía de plantas

Un **sistema taxonómico** es un conjunto coherente de juicios taxonómicos sobre la circunscripción y la ubicación de los taxones considerados. Sólo es un "sistema" si se aplica a un grupo grande de tales taxones (por ejemplo, todas las plantas con flores).

Hay dos criterios principales para esta lista. Un sistema debe ser **taxonómico, es decir,** tratar con un gran número de plantas, por sus **nombres botánicos**. En segundo lugar, debe **ser un sistema, es decir**, tratar con las relaciones de las plantas. Aunque la reflexión sobre las relaciones de las plantas había comenzado mucho antes (véase la historia de la sistemática de las plantas), tales sistemas no se crearon realmente hasta el siglo XIX, como resultado de una afluencia cada vez mayor de especies de plantas recién descubiertas procedentes de todo el mundo. El siglo XVIII vio algunos sistemas tempranos, que son quizás precursores más que sistemas taxonómicos completos.

Los taxonomistas tienden a caer en dos escuelas, la sistemática **"evolutiva"** o **"tradicional"** versus la sistemática **"filogenética"** o **"cladística"**. Desde los años 70, la "sistemática filogenética" ha estado reemplazando a la "sistemática tradicional". Debido a que la literatura y los libros de texto más antiguos a menudo utilizan clasificaciones "evolutivas", los taxonomistas deben entender ambos sistemas.

Una circunstancia desafortunada para los taxonomistas es que las dos escuelas utilizan los mismos términos, pero de maneras diferentes, y a menudo se niegan a reconocer el uso alternativo. Los taxonomistas evolucionistas afirman reconocer sólo los taxones **"monofiléticos"**, pero utilizan el término para incluir tanto los holofiléticos **como los parafiléticos**. Los taxonomistas filogenéticos también afirman reconocer sólo los taxones **"monofiléticos"**, pero limitan el término a lo que se ha definido anteriormente como **"holofilético",** aunque la mayoría rechaza ese término en particular. Ambas escuelas rechazan el uso de los taxones **polifiléticos, aunque la mayoría de los taxonomistas filogenéticos utilizarían** ese término para incluir los taxones **parafiléticos**. Así pues, el término **holofletico** se aplica a un taxón que incluye a todos los descendientes del antepasado común. El término es un caso especial de monofilético.

Ensayos de clasificación de plantas

Dentro de cada reino, los organismos se agrupan en varias filas (sing. Phylum), también conocidas como divisiones, que representan agrupaciones más pequeñas de formas más reconocibles. Aunque el Reino Animalia contiene un gran número de Phyla (como acordes [incluyendo vertebrados], equinodermos, anélidos, artrópodos, etc.), el **Reino Plantae contiene sólo diez Phyla.**

1.   La filo <u>briófita</u> (musgos, hepáticas, hornabeques), la más primitiva de todas las plantas verdaderas, se diferencia de la otra planta filo en que no es vascular, lo que significa que carece de tejidos conductores de agua que lleven el agua desde las raíces de la planta hasta la corona, y que la generación gametofítica (vegetativa) predomina sobre la generación esporófita (reproductiva).

2.   La Phyla <u>Psilophyta</u> (helechos batidos),

3.   <u>Licopodiofita</u> (musgo de palo, musgo de púas, colchas),

4.   <u>Equisetophyta</u> (colas de caballo),

5.   <u>Los polipodiofitas</u> (verdaderos helechos), incluidas todas las plantas vasculares que se reproducen mediante esporas, también forman una agrupación antigua, aunque en gran medida artificial, y a menudo se denominan pteridofitas.

6.   La Phyla <u>Cycadophyta</u> (cícadas),

7.   <u>Ginkgophyta</u> (ginkgo),

8.   <u>Gnetofita</u> (gimnospermas portadoras de vasos sanguíneos),

9.   <u>Las coniferofitas</u> (coníferas) forman una segunda agrupación primitiva de plantas vasculares, conocidas como gimnospermas, que se caracterizan por la presencia de semillas desnudas (la traducción literal de "gimnoespermas").

10.   El último filo, <u>Magnoliophyta</u>, contiene todas las plantas vasculares con flores que se consideran las plantas más avanzadas y de reciente evolución que existen hoy en día en el planeta.

Había muchos sistemas antiguos y nuevos en las clasificaciones de plantas, los más efectivos se resumen a continuación:-

Bentham y Hooker (1862)

Dividieron las plantas de semillas en tres categorías, Gimnospermas, Monocotiledóneas y Dicotiledóneas. Cada una de ellas se subdivide en clases, órdenes y familias. Describieron cuidadosamente los géneros en su libro de tres volúmenes *Genera Plantarum*

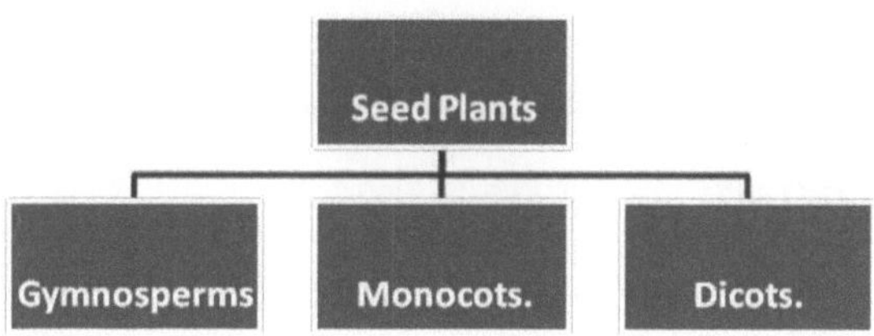

Bentham y Hooker (1862)

Sistema Eichler 1883

Clasificó todo el reino vegetal según si el sistema sexual se ocultaba, criptógamas o aparecía (fanerógamas). Cada sección ha sido clasificada por separado como sigue:-

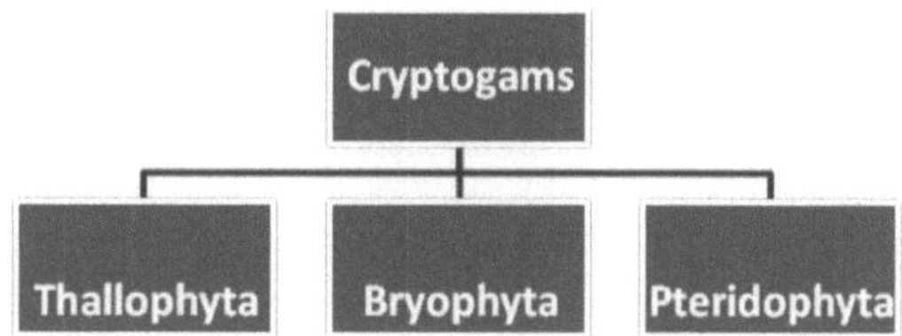

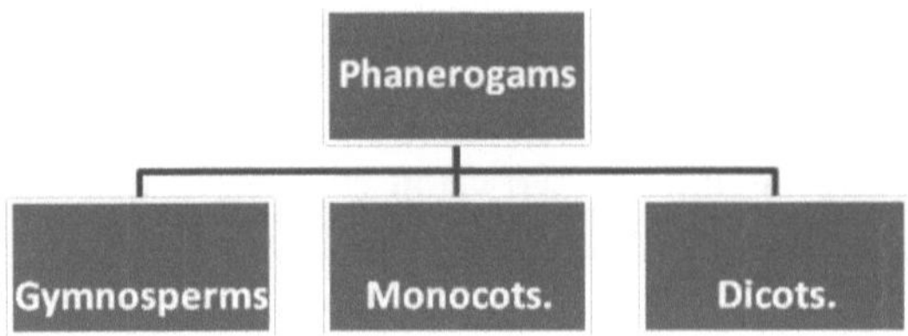

Sistema Eichler 1883

Engler y Prantl (1887)

Dividieron el reino vegetal en 13 divisiones, la más avanzada es la **<u>Embriofita</u>** que se subdivide en el **Gimnospermo y el Angiospermio.** La última se subdivide en **Dicots. Y Monocots.**

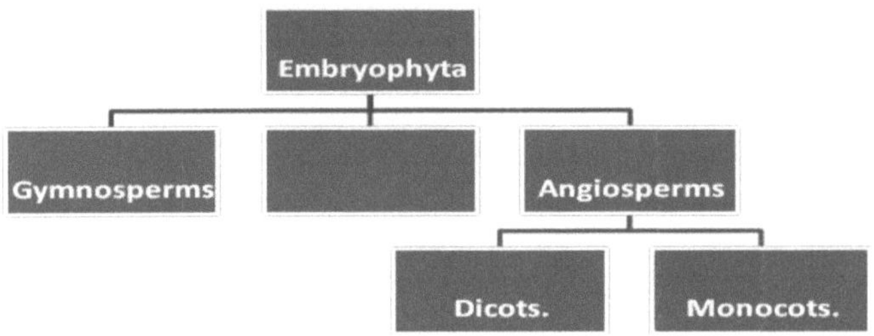

Engler y Prantl (1887)

Sistema Bessey (1919)

El sistema de Bessey, que se conoce como el dictado de Bessey, se ocupaba de las plantas según su etapa de desarrollo y sus relaciones con las plantas.
Clasificó las plantas en tres grupos, Helechos, Gimnospermas y Angiospermas.
Luego las Angiospermas se dividieron en monocotiledóneas y dicotiledóneas.
Las familias y los géneros se clasificaron en orden filogenético en una figura de dicta.

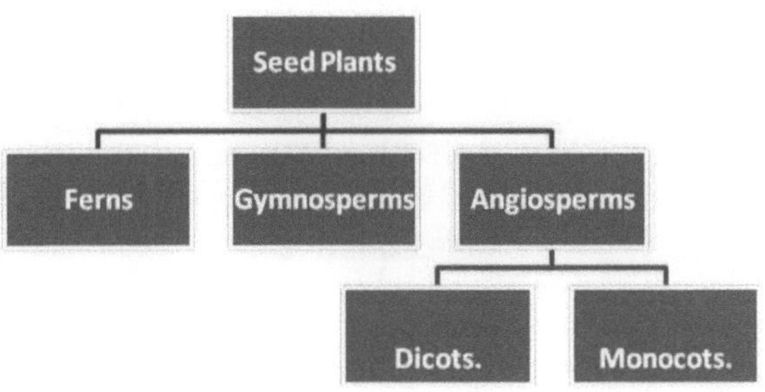

Sistema Bessey (1919)

Hutchinson (1926)

Usó el sistema de Bentham y Hooker, pero reordenó las órdenes y familias en una línea evolutiva. Su sistema estaba principalmente en las Angiospermas y eso hizo que este sistema tuviera un uso limitado.

Melchor (1964)

Su sistema se basa en el sistema de clasificación de Engler y Prantl, pero en un concepto evolutivo.

Takhtayan (1966)

Este sistema de clasificación se considera más razonable y aceptado en todas las obras taxonómicas por ser inclusivo y más natural que las obras precedentes. Dividió el reino vegetal en tres grandes grupos: Briofitas, **pteridofitas y plantas de semillas. Este** último se subdividió en **Helechos, Magnoliopsida y Liliopsida.**

Cronquist (1981)

Este sistema se basa principalmente en el de Takhtayan, con pequeñas modificaciones. Cronquist reunió a las órdenes y familias propuestas por Takhtayan en grupos más grandes porque son monofiléticos y tienen caracteres de desarrollo similares. Trató de entender las relaciones entre los diferentes grupos estudiando cuidadosamente el sistema de Engler y Prantl y utilizó su clasificación en su división.

Cronquist dividió las plantas de semillas en **Helechos, Magnoliopsida y Liliopsida.**

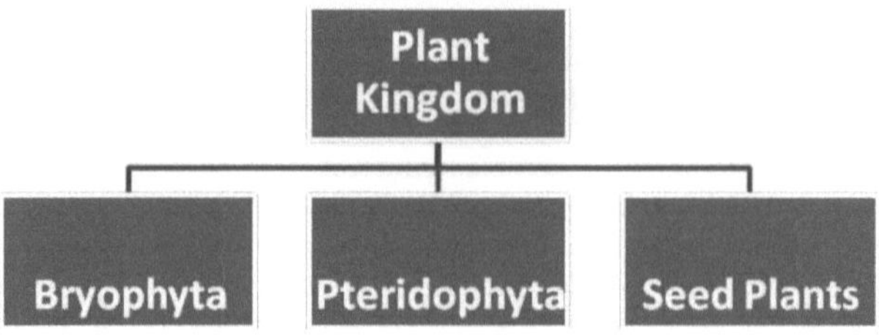

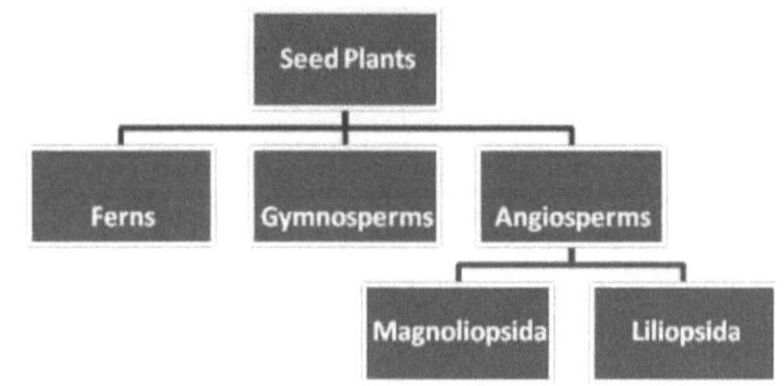

Takhtayan (1966)

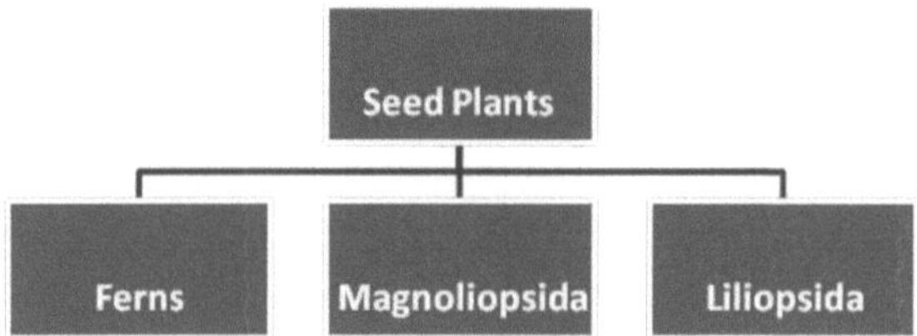

Cronquist (1981)

Después de la disponibilidad de técnicas y análisis modernos se han hecho nuevos sistemas de clasificación de plantas, utilizando todas las herramientas disponibles en la clasificación de plantas y especialmente las Angiospermas. De estos sistemas son **Dalghren (1989), Thorne (2000), APGI (1998), APGII (2003) y el Sistema Kubitziki (2005)**

Dalghren (1989) y Thorne (2000)

Utilizaron tanto los cloroplastos como las secuencias de ADN mitocondrial en sus clasificaciones de las plantas con flores. Intentaron hacer una nueva clasificación basada en una nueva comprensión de las líneas evolutivas. Sus clasificaciones eran muy similares a las de Takhtayan y Cronquist, a pesar de la ontogenia de la Magnoliophyta y Liliopsida. Consideraban a cada uno de ellos con una raíz separada y los subdividían en clases, superórdenes, órdenes y familias.

La evolución y la diversidad sistemática de las plantas

La teoría de la evolución de Darwin dirigió todos los pensamientos taxonómicos hacia cómo las nuevas especies derivaban de las preexistentes? A esto lo llamamos **especiación. Se han** hecho muchos trabajos científicos para explicar este proceso y concluyeron que...

1-La especiación requiere variación y aislamiento

2-La especiación puede ocurrir sin aislamiento geográfico

3-La hibridación es una importante causa de especiación

La 4-Poliploidía es común

En esta etapa los científicos comenzaron a diferenciar entre la taxonomía de las plantas y la sistemática de las plantas. La sistemática de **las plantas está relacionada** con la ciencia de la diversidad de las plantas y sus relaciones filogenéticas teniendo en cuenta que la evolución es el proceso subyacente para la filogenia y que hay más de 270.000 especies de plantas en la Tierra.

Otro aspecto importante de la sistemática de las plantas es la recopilación de pruebas para determinar las relaciones entre las especies, es decir, la reconstrucción de filogenias (el desarrollo de hipótesis de la historia evolutiva; éstas se representan como (árboles **filogenéticos**). En última instancia, estos árboles filogenéticos se utilizan para revisar las clasificaciones. Clasificar los organismos de manera que reflejen la historia evolutiva ha sido un objetivo de larga data de la sistemática desde la obra de Charles Darwin. Un biólogo evolutivo del siglo XX, Theodosius Dobzhansky, declaró que "Nada en la biología tiene sentido excepto a la luz de la evolución". Los sistematistas modernos creen que un corolario importante de esta famosa afirmación es que "las cosas tienen mucho más sentido a la luz de la filogenia". Es decir, entender la historia evolutiva de los organismos y sus parientes más cercanos es fundamental para la biología comparativa.

Por último, los sistematistas suelen participar en el esclarecimiento de los procesos de evolución. Mediante su estudio de la diversidad de las plantas y **las poblaciones** naturales , los sistematistas pueden participar en el análisis de los niveles y la distribución de la variación genética dentro de las poblaciones y entre ellas, la estimación del flujo de genes, el análisis de los mecanismos de aislamiento y el origen de las especies, y la investigación de los mecanismos evolutivos como la hibridación, **la poliploidía** y **la apomixis** . Como resultado, un área de la amplia disciplina de la sistemática se entrelaza con el campo de la biología evolutiva.

Los sistemas de clasificación jerárquica, como los que usamos hoy en día, se remontan a finales de 1600 y a la obra del inglés John Ray. Ray desarrolló un sistema de clasificación para dieciocho mil especies e introdujo el concepto de colocar especies **morfológicamente similares juntas** en un grupo más grande, el género. Las contribuciones más notables durante los siglos XVII y XVIII fueron las de Carl von Linné, un naturalista sueco más conocido como Carolus Linnaeus. Se considera que Linneo es el padre de la taxonomía, y es mejor recordado por desarrollar el sistema binomial de **nomenclatura**, es decir, el uso de un nombre en dos partes para cada especie; el nombre de la especie consiste en el nombre del género y el epíteto específico. Linneo también escribió varios libros importantes, entre ellos su catálogo de dos volúmenes para la identificación de plantas, *Species Plan-tarum*, que se publicó en 1753.

Toda la biología, incluyendo la sistemática, fue cambiada por la publicación de *El origen de las especies de* Charles Darwin en 1859. La teoría de la evolución de Darwin tenía un mensaje importante para los sistemáticos: Las especies son entidades dinámicas y cambiantes, y la clasificación es una forma de ordenar los productos de la evolución. A través de los esfuerzos por reflejar la historia de la evolución en las clasificaciones, vemos la primera evidencia de clasificaciones filogenéticas en la última parte del siglo XIX - estas son las raíces de los sistemas que se utilizan hoy en día. A lo largo de la década de 1900, la mejora de los medios de recopilación de datos y el mayor conocimiento de la flora mundial contribuyeron a mejorar las clasificaciones de las plantas. Como se ha señalado, los actuales esfuerzos de reconstrucción de la filogenia se están incorporando a las clasificaciones, y la sistemática se ha ampliado para incluir estudios de especiación así como de filogenia y clasificación.

Como rama de la biología que se ocupa de la comprensión de la filogenia y de la organización de la diversidad biológica, la sistemática también abarca el desarrollo de sistemas de clasificación para el almacenamiento y la recuperación de información. Las principales categorías (rangos) del sistema de clasificación botánica que se siguen utilizando ampliamente hoy en día son, en orden descendente Cada organismo se puede colocar en ese sistema jerárquico. Los sistematistas biológicos tratan de crear clasificaciones que reflejen la filogenia; es decir, un grupo de especies estrechamente relacionadas se clasificará en un género; **los géneros estrechamente relacionados** se colocan en una familia, y así sucesivamente.

Los recientes avances analíticos en la inferencia de la filogenia han mejorado nuestras estimaciones de la historia evolutiva: ahora, en muchos grupos de organismos, podemos identificar **linajes** específicos, o **clados**, de especies relacionadas. Desafortunadamente, nuestros sistemas de clasificación no han seguido el ritmo de nuestra mejor comprensión de la filogenia. Por esta razón, los clados y las clasificaciones formales no siempre están de acuerdo. Por ejemplo, muchos libros de texto siguen el enfoque de los Cinco Reinos para la clasificación de la vida en la Tierra: Reinos Monera, Protista, Fungi, Plantae y Animalia. Sin embargo, aunque este enfoque fue una gran mejora con respecto a las anteriores clasificaciones de los Dos Reinos (Plantae y Animalia), no refleja con exactitud lo que sabemos sobre la historia de la vida en la Tierra. Se han propuesto otros sistemas de clasificación, algunos de los cuales reconocen hasta ocho o diez reinos, en un intento de incluir los diversos linajes principales de la vida en un sistema de clasificación. En la actualidad, ninguna de estas clasificaciones responde adecuadamente al desafío de representar las hipótesis actuales de la filogenia de la vida. También pueden observarse incoherencias similares entre las estimaciones de la filogenia y la clasificación en otros niveles de la jerarquía taxonómica; así pues, los sistematistas se encuentran divididos entre la realidad científica y la tradición de la clasificación. Esta incoherencia no debe considerarse como un fracaso de la sistemática, sino que debe indicar que la sistemática biológica es un área dinámica de la biología, una síntesis interminable que trata de incorporar nueva información a nuestras estimaciones de la filogenia y a nuestros sistemas de clasificación que organizan la diversidad biológica. Para mejorar la conexión entre nuestra comprensión de la filogenia y la clasificación, algunos sistemáticos están intentando desarrollar nuevos métodos de clasificación. Un enfoque es el abandono de la tradicional jerarquía de Linneo en favor de un sistema de clasificación estrictamente filogenético.

Debido a que la sistemática es un campo tan grande y diverso, a menudo se hace una distinción entre subdisciplinas o subáreas de esfuerzo. Por ejemplo, la nomenclatura de las plantas es la aplicación de los nombres a los taxones **siguiendo** un conjunto estricto de reglas publicadas (el Código Internacional de Nomenclatura Botánica). Otro aspecto clave es la clasificación, que implica la organización de las plantas en grupos o categorías. Como se ha señalado anteriormente, la clasificación ha empleado tradicionalmente la jerarquía taxonómica de categorías establecida por Linneo (por ejemplo, reino, división, clase, etc.), pero recientemente se ha cuestionado la utilidad de este enfoque de la clasificación. Algunos considerarían colectivamente que la nomenclatura y la clasificación representan el campo de la taxonomía y, por lo tanto, harían una distinción entre ésta y la sistemática, centrándose esta última en el estudio de la filogenia y la biología evolutiva. Una parte integral de la sistemática moderna es la reconstrucción de la filogenia. Los árboles filogenéticos que muestran relaciones evolutivas pueden ser reconstruidos utilizando caracteres de una serie de fuentes diferentes, incluyendo morfológicas, anatómicas, químicas y palinológicas (polen). La citogenética implica el estudio de la **morfología de los cromosomas** , así como la investigación del emparejamiento de cromosomas en **la meiosis** . Este campo de la sistemática ha experimentado un reciente resurgimiento con la aplicación de técnicas de pintura cromosómica que facilitan el estudio de la evolución cromosómica. La quimiosistemática es la aplicación de datos químicos de manera comparativa para estudiar problemas en la sistemática y para inferir relaciones basadas en la presencia o ausencia de ciertos **compuestos** químicos en los organismos estudiados. Recientemente se han empleado datos de secuencias de ácido desoxirribonucleico (ADN) para reconstruir la filogenia, y en la actualidad sirven como una importante fuente de información para establecer relaciones evolutivas.

Los especialistas en sistemática suelen tener una amplia formación y no sólo tienen conocimientos de biología de campo, sino también de ecología, historia de la vida, química vegetal, biología de la población, especiación, filogenética y biología molecular. Un sistema moderno de terapeuta es a menudo, por lo tanto, un gato de todos los oficios. La investigación de un sistémico puede implicar trabajo de campo y recolección en los trópicos, así como un extenso trabajo de laboratorio que implica la secuenciación del ADN y la clonación de genes.

Un objetivo fundamental del campo de la sistemática es comprender la diversidad biológica y la organización de este conocimiento en un sistema de clasificación que refleje la historia evolutiva de la vida. Por lo tanto, gran parte de la sistemática moderna se dedica a construir árboles evolutivos de relaciones. El objetivo final de esta enorme empresa es la reconstrucción del "árbol de la vida". Históricamente, la mayoría de las investigaciones sistemáticas se basaban en las similitudes morfológicas y anatómicas de los organismos. Sin embargo, recientemente, la relativa facilidad de la secuenciación del ADN ha proporcionado otro enfoque muy poderoso para investigar las relaciones entre las especies. Las secuencias de ADN y otros datos moleculares no sólo son de enorme utilidad para inferir relaciones filogenéticas, sino que también tienen otras aplicaciones importantes. De manera muy parecida a como se pueden utilizar los marcadores de ADN con los sujetos humanos para determinar la paternidad, estos mismos enfoques también pueden utilizarse para determinar los padres de los presuntos híbridos vegetales y animales. Este también es otro aspecto del muy diverso campo de la sistemática.

Diferencias genéticas en las especies

¿Qué causa las diferencias? Esto se explica como la evolución darwiniana **(lucha por la existencia)**

¿Qué es la evolución?

Cambios en las frecuencias de los genes; cambios acumulativos en la genética; descendencia con modificación

Fuentes de variación natural (es decir, variabilidad genética)

1. mutación

2. selección natural

3. la deriva genética

4. flujo de genes

5. recombinación genética

Las evidencias de las variaciones naturales provienen del registro fósil, las similitudes estructurales y genéticas, la biogeografía.

La evolución está en curso

Así pues, dos conceptos importantes influyeron en la clasificación:

1. Las especies han evolucionado unas de otras a lo largo del tiempo, es decir, las especies tienen historias evolutivas - **filogenias**.

2. Las especies no están representadas por tipos ideales como pensaba Aristóteles, sino por **poblaciones variables**.

Desde la época de Darwin, la mayoría de los sistemas de clasificación han intentado reflejar las relaciones evolutivas.

<u>Revuelta de la</u> 6-Taxonomía

La invención de los microscopios de escaneo hizo que las cosas fueran fáciles de conocer y que las estructuras internas se hicieran más obvias. Las secuencias de ADN y el estudio de la organización comparativa del genoma en las plantas lo hicieron más preciso en la detección de las relaciones entre los taxones. Simplemente, podemos decir que se ha iniciado una nueva era de taxonomía.

I. A principios del siglo XX la mayoría de los botánicos se dieron cuenta de que había algunos problemas con los conceptos de las especies, pero la mayoría estuvo de acuerdo en que las especies eran entidades morfológicamente distintas.

II- Después del uso de análisis de proteínas en la taxonomía, las plantas se hacen evidentes que son eucariotas **fotosintéticas** y también se les llama embriofitas ya que producen un embrión que está protegido por los tejidos de la planta madre. Las plantas se derivan de una sola rama del árbol evolutivo y por lo tanto se dice que son **<u>monofiléticas</u>**. Según la evidencia fósil, las plantas se derivaron de las algas verdes, hace 500 millones de años. La invasión de la tierra fue difícil para las plantas de adaptarse por varias razones. Por lo tanto, las plantas sufrieron una serie de adaptaciones como el desarrollo de raíces, tallos, hojas y semillas.

Sistemas recientes de taxonomía de plantas

Un **sistema taxonómico** es un "sistema" si se aplica a un grupo grande de tales taxones (por ejemplo, todas las plantas con flores).

Hay dos criterios principales para esta lista. Un sistema debe ser **taxonómico, es decir,** tratar con un gran número de plantas, por sus **nombres botánicos**. En segundo lugar, debe **ser un sistema, es decir**, tratar con las relaciones de las plantas.

Clasificación evolutiva (incluye tanto la sistemática tradicional como la filogenética moderna) 1. Las especies vivas están relacionadas entre sí por descendencia de antepasados comunes 2. Los estados de carácter compartido son pistas para la relación.

Clasificación de las plantas

Kingdom Plantae contiene sólo diez filas.

1-El filo <u>briófico</u> (musgos, hepáticas, hornabeques),

2-La Phyla <u>Psilophyta</u> (helechos batidos),

3-<u>Lycopodiophyta</u> (musgos de palo, musgos de púas, acolchados),

4- <u>Equisetophyta</u> (colas de caballo),

5- <u>Polipodiophyta</u> (verdaderos helechos),

6-La Phyla <u>Cycadophyta</u> (cícadas),

7- <u>Ginkgophyta</u> (ginkgo),

8-<u>Gnetophyta</u> (gimnospermas portadoras de vasos sanguíneos),

9- <u>Coniferophyta</u> (coníferas)

10-El último filo, <u>Magnoliophyta</u>, contiene todas las plantas vasculares con flores.

Había muchos sistemas antiguos y nuevos en las clasificaciones de plantas, de los más recientes son los del grupo APG (Angiosperm Phylogeny Group) que se discutirán más adelante.

SISTEMAS APG I, II Y III

Un desarrollo bastante tardío fue el advenimiento de la <u>cladística</u>, que sólo se hizo realidad con la disponibilidad de la computadora y la enorme avalancha de <u>datos moleculares</u>: el <u>sistema APG III</u> es sólo el último de una larga lista de sistemas. Estos sistemas se consideran sistemas artificiales por depender de un solo carácter, los datos moleculares.

En estos sistemas los datos moleculares fueron la herramienta para construir estos sistemas, y de acuerdo con estos datos las angiospermas se clasificaron en ocho categorías como sigue:-

- *Amborella* - una sola especie de arbusto de <u>Nueva Caledonia</u>

- <u>Ninfas</u> - unas 80 especies - <u>lirios de agua</u> e <u>Hydatellaceae</u>

- <u>Austrobaileyales</u> - alrededor de 100 especies de <u>plantas leñosas</u> de varias partes del mundo

- **<u>Mesangiospermae que</u>** se dividió en cinco grupos:-

1- <u>Chloranthales</u> - varias docenas de especies de plantas aromáticas con dientes

Hojas

2- *<u>Ceratophyllum</u>* - cerca de 6 especies de <u>plantas acuáticas</u>, tal vez más conocidas como plantas <u>de acuario</u>

3-<u>Magnólidos</u> - alrededor de 9.000 especies, caracterizados por flores <u>cortantes</u>, polen con un poro, y hojas generalmente ramificadas - por ejemplo <u>magnolias</u>, <u>laurel</u> y <u>pimienta negra.</u>

4- <u>eudicots</u> - unas 175.000 especies, caracterizadas por 4- o 5- floreserous polen con tres poros, y hojas generalmente ramificadas - por ejemplo <u>girasoles</u>, <u>petunia</u>, <u>ranúnculo</u>, <u>manzanas</u> y <u>robles</u>

5- <u>monocotiledóneas</u> - alrededor de 70.000 especies, caracterizadas por flores trituradas, un solo cotiledón, polen con un poro y hojas generalmente de venas paralelas - por ejemplo, hierbas, <u>orquídeas</u> y <u>palmeras</u>

La relación exacta entre estos ocho grupos no está todavía clara, aunque se ha determinado que los tres primeros grupos que se desviaron del angiospermato ancestral fueron los <u>Amborellales</u>, los <u>Ninfales</u> y <u>los Austrobaileyales</u>, en ese orden.

Detalles del sistema de clasificación del APGII

La clasificación que figura a continuación se basa en la presentada en la filogenia del angiospermas.

1- Orden: Amborellales

Contiene una sola especie, *Amborella trichopoda*, endémica de la isla de Nueva Caledonia y que no se encuentra en el sur de África.

2-Orden: <u>Nymphaeales</u>

Contiene dos familias: las <u>Cabombaceae</u> y las <u>Nymphaeaceae (familia de los nenúfares)</u>. Existen ocho géneros y 64 especies en todo el mundo, con dos géneros y tres especies autóctonas del sur de África.

3-Orden: Austrobaileyales

Contiene tres familias: Austrobaileyaceae, Illiciaceae y Trimeniaceae, ninguna de las cuales tiene representantes indígenas en el África meridional. Sin embargo, el *<u>Illicium verum (anís estrellado)</u>* de las Illiciaceae, se cultiva en la región

4- <u>Grupo de Mesangiospermas</u>

1-<u>Orden: Chloranthales</u>

Contiene una sola familia, las clorantáceas, que no se encuentra en el África meridional.

2-<u>Orden: Ceratofílicos</u>

Contiene una sola familia, las Ceratophyllaceae, que contiene un solo género *Ceratophyllum*. Hay unas seis especies, de las cuales tres son autóctonas del África meridional.

3-<u>Magnolíticos</u>

1-Orden: <u>Magnoliales</u>

Hay un total de cinco familias, de las cuales una, la <u>Annonaceae</u>, es indígena del África meridional. Además, en el África meridional se cultivan las <u>Magnoliaceae</u> (magnolias) y las <u>Myristicaceae</u> (incluye el árbol de <u>la nuez moscada</u>). A nivel mundial, hay unos 154 géneros y 2929 especies, de los cuales ocho géneros y 14 especies (todos en las <u>Annonaceae</u>) son autóctonos del África meridional.

2-Orden: <u>Laurales</u>

Hay siete familias, de las cuales cuatro se encuentran en el África meridional. Las <u>lauráceas son</u> las más diversas de la región, con cuatro géneros autóctonos y 10 especies (entre ellas <u>Stinkwood</u>), así como importantes especies cultivadas como el <u>aguacate</u>, la <u>canela</u> y <u>el laurel</u> (que produce hojas de <u>laurel</u>).

3-Orden: <u>Canellales</u>

Nueve géneros y alrededor de 88 especies en dos familias, Canellaceae y Winteraceae. Sólo una especie es autóctona del África meridional y también hay una especie que se cultiva en la región.

4-Orden: <u>Piperales</u>

Este orden contiene cuatro familias, 17 géneros y 2090 especies, con tres familias, cuatro géneros y seis especies autóctonas del África meridional. Una especie adicional se naturaliza y otras 20 especies se cultivan en la región.

<u>4-Eudicotiledóneas</u>

1-Orden: <u>Ranunculales</u>

Siete familias, 199 géneros y 4.445 especies, con 18 géneros y 47 especies autóctonas del África meridional, y cuatro géneros y seis especies naturalizadas. En la región se cultivan otros 24 géneros y 57 especies.

2-Orden: Sabiales

Una familia, Sabiaceae, no se encuentra en el África meridional.

3-Orden: <u>Proteales</u>

4-Orden: Trochodendrales

5-Orden: Buxales

6-Orden: Artilleros

7- El núcleo del grupo de Eudicots e incluye las siguientes órdenes:-

1- Orden: Berberidopsidales

2- Orden: Dilleniales

3- Orden: Caryophyllales

4- Orden: Santalales

5- Orden: Saxifragales

6- Orden Vitales

7- Rosidas que se dividieron en dos grupos

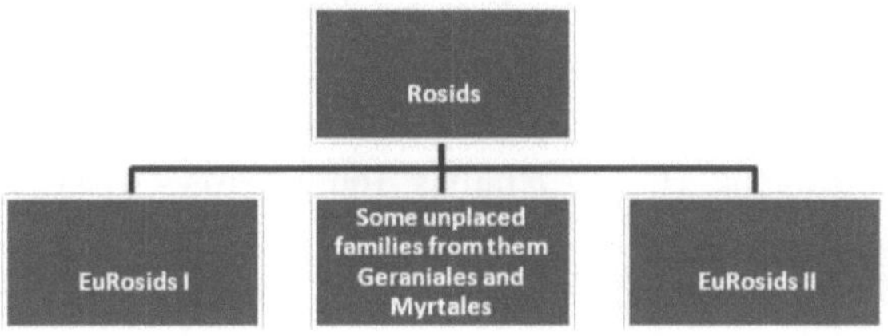

Eurosids I Include **eight** orders:- Zygophyllales, Celastrales, Malpighiales, Oxalidales, Fabales, Rosales, Cucurbitales and Fagales

Eurosids II incluye **cuatro** órdenes: Hueteales, Brassicales, Malvales y Sapindales.

8- Los asteriscos que se dividen en cuatro categorías como sigue:-

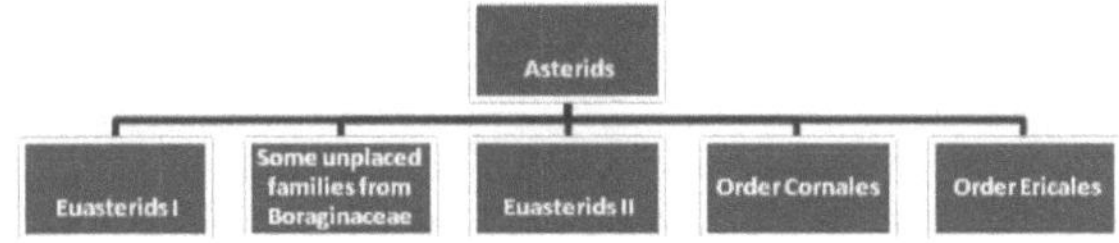

Euasterids I tiene 4 órdenes: Garryales, Gentianales, Lamiales y Solanales.

Euasterids II tiene 4 órdenes: Aquifoliales, Apiales, Asterales y Dipsacales.

5-Monocots

1-Orden: Acorales

Contiene una sola familia, las Acoraceae, que contiene un solo género, *Acorus*. Este género fue previamente colocado en las <u>Araceae</u>. *Acorus calamus* (Sweet-flag) se cultiva en el sur de África

2-Orden: Alismatales

Con excepción de las aráceas (familia de los lirios arum), todas las familias de los alismatales que se dan en el África meridional son plantas acuáticas o que habitan en los pantanos. Los miembros de las Aráceas se encuentran a menudo en situaciones pantanosas y algunos miembros son acuáticos (los que antes pertenecían a la familia de las Lemnáceas), pero muchas especies pueden encontrarse lejos del agua. Hay 14 familias, 166 géneros y 4490 especies en el orden mundial, de las cuales 10 familias, 25 géneros y 57 especies son autóctonas del África meridional. Además, 3 géneros y 3 especies están naturalizados y 21 géneros y 47 especies se cultivan en la región.

3-Orden: Petrosaviales

Una familia, Petrosaviaceae, no se encuentra en el África meridional.

4-Orden: Dioscoreales

Tres de las cinco familias se encuentran en el África meridional, la Dioscoreaceae (familia del ñame), que es con mucho la más numerosa. En todo el mundo hay unos 21 géneros y 1037 especies, de los cuales dos géneros y 17 especies (principalmente la *Dioscorea*) son autóctonos del África meridional. Además, en la región se cultiva un género (*Tacca*) con dos especies.

5- Orden: Pandanales

Dos de las cinco familias son indígenas del África meridional. Hay 36 géneros y 1345 especies en todo el mundo, de los cuales tres géneros (*Talbotia, Xerophyta* y *Pandanus*), y 11 especies son indígenas de África meridional. En la región se cultivan un género y dos especies adicionales.

6- Orden: Liliales

Cuatro de las once familias se encuentran en el África meridional, pero sólo dos de ellas son indígenas. Hay alrededor de 67 géneros y 1558 especies, de los cuales 13 géneros y 68 especies son indígenas del África meridional. En el África meridional se cultivan otros seis géneros y 17 especies.

7- Orden: Asparagales

Veinticuatro familias, de las cuales 17 se encuentran en el África meridional. Hay 1122 géneros y 26071 especies, de los cuales 156 géneros y 2849 especies son autóctonos del África meridional. Otros tres géneros y seis especies están naturalizados, y otros 155 géneros y 576 especies están registrados como cultivados en el África meridional.

8-Grupo de comelínidos que incluyen las siguientes órdenes:-

1-Orden: Arecales (palmas)

Los <u>Arecaceae</u> son la única familia de la orden. Existen 189 géneros y 2361 especies (cosmopolitas, principalmente en las regiones más cálidas), con cinco géneros y seis especies autóctonas del sur de África. En la región se cultivan otros 103 géneros y 276 especies.

2- Orden: Poales

Siete familias, de las cuales 10 se encuentran en el África meridional. En todo el mundo se han registrado 997 géneros y 18325 especies, de los cuales 230 géneros y 1621 especies son autóctonos del África meridional. Otros 33 géneros y 129 especies están naturalizados, y otros 43 géneros y 344 especies están registrados como cultivados en África meridional.

3- Orden: Commelinales

Cinco familias, de las cuales tres se encuentran en el África meridional. Se han registrado 68 géneros y 812 especies en todo el mundo, de los cuales 12 géneros y 51 especies son autóctonos del África meridional. Otros dos géneros y dos especies están naturalizados, y otros seis géneros y 16 especies están registrados como cultivados en África meridional.

4- Orden: <u>Zingiberales</u>

Ocho familias, de las cuales siete se encuentran en el África meridional. En todo el mundo se han registrado 92 géneros y 2111 especies, de los cuales tres géneros y ocho especies son autóctonos del África meridional. Otros dos géneros y cuatro especies están naturalizados, y otros 15 géneros y 35 especies están registrados como cultivados en África meridional.

Hoy en día, utilizando el ADN y otras propiedades químicas, así como los datos del microscopio electrónico (EM) de, por ejemplo, granos de polen, esporas y flagelos, se alcanzan resultados significativamente diferentes, en comparación con las concepciones de, por ejemplo, hace 10 años, cuando tales datos estaban mucho menos disponibles. Otra novedad importante en este campo de especialización es el procesamiento sistemático de cantidades muy elevadas de datos con la computadora. Estos conocimientos filogenéticos sirven de base para un sistema taxonómico como el anterior, que da nombre a las principales ramas del árbol. Los desarrollos están todavía muy avanzados, y pueden ser monitoreados casi en vivo en el sitio web de filogenia <u>de angiospermas*</u>.

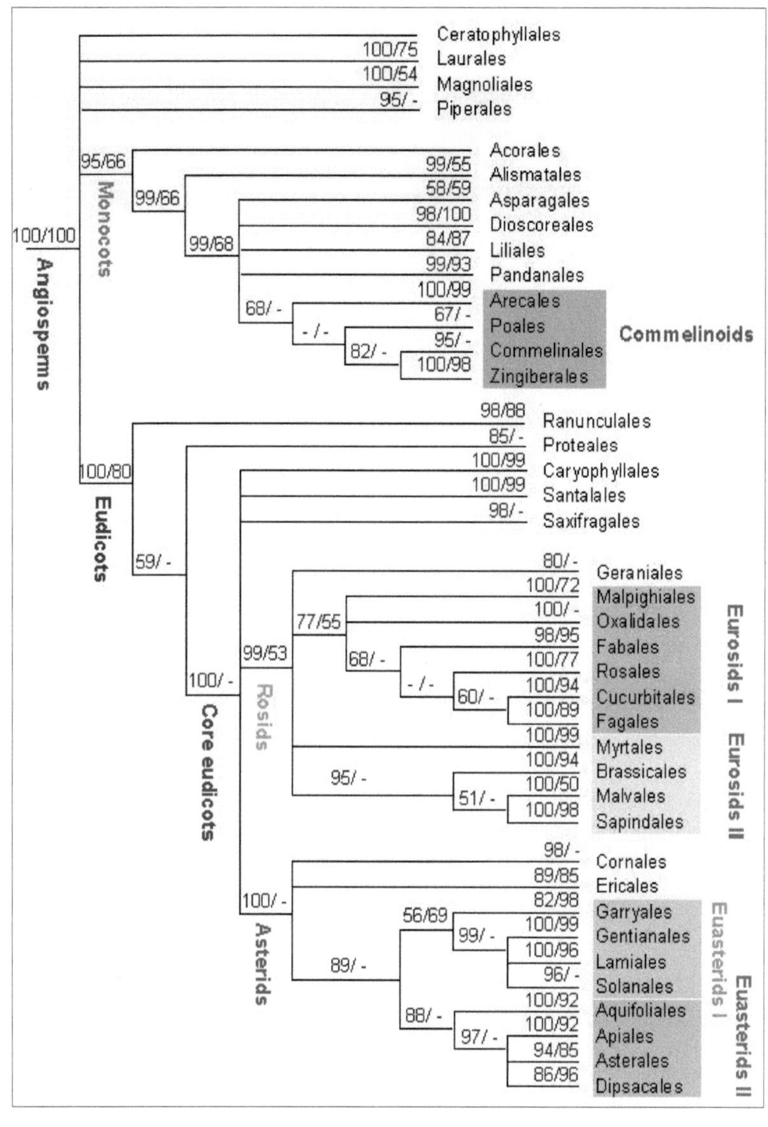

Ceratophyllales
100/75
Laurales
100/54
Magnoliales
95/ -
Piperales
95/66
99/66
Acorales
99/55
Alismatales
58/59
Asparagales
98/100
Dioscoreales
84/87
Liliales
99/93
Pandanales
99/68
100/99
Arecales
68/ -
67/ -
Poales
- / -
95/ -
Commelinales
82/ -
100/98
Zingiberales
Commelinoids
100/100
Angiosperms
Monocots
100/80
98/88
Ranunculales
85/ -
Proteales
100/99
Caryophyllales
100/99
Santalales
98/ -
Saxifragales
Eudicots
59/ -
80/ -
Geraniales
100/72
Malpighiales
77/55
100/ -
Oxalidales
99/53
98/95
Fabales
68/ -
100/77
Rosales
- / -
100/94
Cucurbitales
60/ -
100/89
Fagales
100/99
Myrtales
100/94
Brassicales
95/ -
100/50
Malvales
51/ -
100/98
Sapindales
Eurosids I
Eurosids II
100/ -
Core eudicots
Rosids
98/ -
Cornales
89/85
Ericales
82/98
Garryales
100/ -
56/69
100/99
Gentianales
99/ -
100/96
Lamiales
96/ -
Solanales
89/ -
100/92
Aquifoliales
88/ -
100/92
Apiales
97/ -
94/85
Asterales
86/96
Dipsacales
Euasterids I
Euasterids II
Asterids

Objeciones a los sistemas de clasificación del APG

1-Muchos pedidos y familias no estaban seguros de ser colocados con grupos no relacionados.

2- Hay muchas órdenes monofiléticas.

3-Muchas órdenes representadas por una sola familia.

4-El grupo **Amborellales** está representado por una sola especie.

5- Hay un número de familias puestas sin asignación a las órdenes.

6-El prefijo Eu- no es aceptado por muchos científicos.

7-El nenúfar y una magnolíada puestos en un clado angiospermico basal sin asignación a monocotiledóneas o dicotiledóneas.

8-Las Liliales: las Liliáceas fueron divididas en varias familias, y muchas de ellas fueron trasladadas a una nueva orden de Asparagales, que también tiene las Orquídeas.

9-Un gran cambio en Poales: los pastos se alejaron de las juncias, las totoras e incluso... Bromelias.

10-El cambio en Scrophulariaceae, que perdió muchas especies por Plantaginaceae, pero ganó *Buddlej*, es inaceptable.

11-Muchas familias no relacionadas se unieron de acuerdo a sus secuencias de ADN.

12- Las familias Nymphaeaceae y Schisandraceae no pertenecen ni a las monocotiledóneas ni a las dicotiledóneas.

Por esa y muchas otras objeciones, los sistemas de APG consideraron sistemas artificiales de clasificación porque depende de un solo carácter (secuencias de ADN). En consecuencia, los taxónomos trataron de lograr un sistema más natural combinando las secuencias de ADN con otras herramientas de taxonomía, como la palinología, la morfología de las semillas, la anatomía....etc.

(2005)Sistema Shipnov

Los recientes análisis cladísticos están revelando la filogenia de las plantas con flores con cada vez más detalle, y hay apoyo a la monofilia de muchos grupos importantes por encima del nivel familiar. Una vez establecidos muchos elementos de la principal secuencia de ramificación de la filogenia, una clasificación suprafamiliar revisada de las plantas con flor es factible y deseable. En este sistema se ha establecido **una clasificación de 462 familias de plantas con flor en 40 órdenes supuestamente monofiléticas y un pequeño número de** grupos superiores **monofiléticos e informales**. Estos últimos son las monocotiledóneas, comelinoides, eudicotiledóneas, eudicotiledóneas centrales, rosáceas, incluidas las eurosidas I y II, y asteridas, incluidas las euasteridas I y II. En estos grupos informales también se enumeran varias familias sin asignación de orden. Al final del sistema hay una lista adicional de familias de posición incierta para las que no existen datos firmes sobre su colocación en ningún lugar del sistema.

Este sistema (Sistema Shipnov) **refleja básicamente el trabajo del <u>Grupo de Filogenia de Angiospermas (APG)</u>***. Hoy en día, utilizando el ADN **y otras propiedades químicas, así como los datos del microscopio electrónico (ME) de, por ejemplo, granos de polen, esporas y flagelos, se alcanzan** resultados significativamente diferentes, en comparación con las concepciones de, por ejemplo, hace 10 años, cuando tales datos estaban mucho menos disponibles. Otra novedad importante en este campo de especialización es **el procesamiento sistemático de cantidades muy elevadas de datos con la computadora**. Los resultados se visualizan **<u>en cladogramas; una especie de árboles evolutivos, que muestran las relaciones exactas entre los especímenes examinados.</u>**

Primero: echa un vistazo a los **viejos Monocots y Dicots. Los encontrarán ahora acompañados de dos grupos hermanos: un grado de "Angiospermas basales" que incluye el nenúfar y un clado de Magnoliad**. Por lo tanto, estos dos últimos ya **no pertenecen a los verdaderos Dicots, o a los Monocots**. Otro nuevo desarrollo importante tuvo lugar dentro y alrededor de los Liliales: **las Liliáceas fueron divididas en varias familias, y muchas de ellas fueron trasladadas a una nueva orden de Asparagales, que también tiene las Orquídeas**. Un **cambio** importante **dentro de Poales** también: los pastos se hicieron **compañía aquí de las juncias, totoras** e incluso... Bromelias. No es directamente visible en el sistema anterior el **cambio en Scrophulariaceae**, que perdió muchas especies por Plantaginaceae, pero ganó *Buddleja*. Y estos son solo algunos ejemplos de los muchos cambios...

Shipnov ha sustituido algunos de los nombres utilizados por Judd y el APG por alternativas más acordes con las normas en el ámbito de la nomenclatura taxonómica. De sus observaciones y rechazos en los sistemas de APG los siguientes puntos:-

1- **Por ejemplo, "Euasterids I" se convirtió en "Lamianae".**

2-**La terminación -anae indica un superorden;** Shipnov ha usado esto en todo momento, en lugar de la obsoleta **-iflorae**.

3- Así que al autor no le gustan los números en los nombres, o los prefijos Eu- cuando no son explícitos: <u>qué</u> es eu/bien entonces (Eukariontes está bien, pero le parece que Euasterids es un mal nombre).

4-**As** por lo que a él respecta, Dicots y Gramineae pueden quedarse; aparentemente merecen sus nombres únicos, y algo de respeto por esto es sólo apropiado.

Los objetivos del autor

1) **Un <u>clado</u> es un grupo de plantas, animales u otros organismos, compuesto por una especie ancestral y todos sus descendientes (= un grupo monofilético = un grupo natural = una rama particular del árbol de la vida, incluyendo todas las ramas laterales de esa rama).** La palabra *clade* proviene de *cladogram* y *cladistics*, y el tallo de esas palabras fue tomado del griego: *klados* = rama. <u>**Un grado evolutivo es un conjunto de ramas laterales vecinas (clades), que tienen un grado de desarrollo similar.**</u> El ancestro común no es exclusivo aquí, sino que también es un ancestro de un clado apical (de mayor desarrollo). Un *grado* se define a menudo en relación con el clado apical, que es por la ausencia de caracteres de mayor desarrollo. Pero cuando un grupo más desarrollado es un clado, no se deduce que las restantes especies menos desarrolladas también pertenezcan a un solo clado.

2) Los nombres Malvanae y Lamianae tienen la intención de ser contrapartes taxonómicas formales de los términos filogenéticos informales del APG, a saber: "Eurosidas II" y "Euasteridas I", respectivamente.

3) La terminación -iflorae para superórdenes recuerda al orden de Tubiflorae del siglo [XIX], posteriormente elevado al rango de superorden (y en el sistema anterior a subclase). Armen Takhtajan propuso la terminación -anae para superórdenes en 1967, y a finales de la década de 1980 esto era de uso común ("florae" suena raro para las no florecientes).

4) Tomemos el ejemplo de los Monocots y Dicots. En el pasado reciente se ha intentado sustituir estos nombres por Liliidae y Magnoliidae, respectivamente. Es decir, cuando el autor los clasificó como subclases. En el sistema anterior se ven como clases, por lo que debería haber sido Liliopsida y Magnoliopsida entonces. Tales nombres sistemáticos **no son explícitos**; dependen del contexto, de la opinión del autor. Otro argumento en contra de tales nombres es que deben **ser sustituidos cuando hay nuevas ideas en materia de filogenia.** De hecho, éste es el caso de ambos nombres en este ejemplo.

5-Las Lilias no superan el nivel de orden en este momento (Liliales); el superorden resultó no ser un clado, es un grado en el mejor de los casos.

6- Las Magnolias son sacadas de las Dicots, por lo que el nombre Magnoliopsida ahora sólo se refiere a un pequeño grupo, hermana de Monocots y Dicots s.s.. La familiaridad, estabilidad y el carácter inequívoco de muchos nombres antiguos compensaría un posible cambio menor en la significación. Lo que cuenta es que el lector tenga una pista sobre la naturaleza del grupo en cuestión.

Hoy en día el concepto de **tipo de Aristóteles** (*que mantiene que las especies son entidades fijas y no variables y se basan en una encarnación o tipo ideal o fijo*) se ha tomado en consideración y los taxonomistas creen conveniente basarse en él.

La clasificación botánica de las angiospermas por el APG III, 2009

El Grupo de Filogenia de Angiospermas

El Grupo de Filogenia de Angiospermas en la Web

con la clasificación de las órdenes

y familias de plantas con flores según el APG III.

El sistema APG III es un sistema moderno de taxonomía de plantas para la clasificación de plantas con flor. Fue publicado en octubre de 2009 por el Grupo de Filogenia de Angiospermas APG, en la revista Botanical Journal of the Linnean Society, 6½ años después de su predecesor, el sistema APG II fue publicado en la misma revista.

El sistema APG III reconoció los 45 órdenes del sistema anterior, así como 14 nuevos. El orden Ceratofílicos fue erróneamente marcado como un nuevo orden, pero había sido reconocido en los dos sistemas APG anteriores.

La designación de "familias entre corchetes" alternativas se abandonó en el APG III, porque su inclusión en el sistema anterior había sido impopular. El APG III reconoció 415 familias, 42 menos que en el sistema anterior. Se suprimieron 44 de las 55 "familias entre corchetes", y otras 18 familias también se suprimieron.

20 familias fueron aceptadas en el sistema APG III, que no había estado en el sistema anterior, y algunas familias fueron trasladadas a una posición diferente.

El número de familias no colocadas en ningún orden se redujo de 39 a 10. Apodanthaceae y Cynomoriaceae se colocaron entre las angiospermas, incertae sedis, es decir, no en ningún grupo dentro de las angiospermas. Otras ocho familias se colocaron incertae sedis en diversos grupos suprarregionales dentro de las angiospermas.

La circunscripción de la familia Icacinaceae sigue siendo especialmente dudosa. Apoditas, Emmotum, Cassinopsis y algunos otros géneros fueron provisionalmente retenidos dentro de ella hasta que estudios posteriores puedan determinar si pertenecen propiamente a ella.

Tres géneros Gumillea, Nicobariodendron, y Petenaea fueron colocados dentro de las angiospermas incertae sedis. Gumillea había sido descolocada en el APG II. El nicobariodendro y la petenaea se añadieron a la lista.

Los herbarios y jardines botánicos como RBG Kew, RBG Edimburgo, el Museo de Historia Natural (Londres), el Musée National d'Histoire naturelle (París), el Conservatoire et Jardin Botaniques (Ginebra) y el Nationaal Herbarium Nederland (Leiden, Utrecht y Wageningen) han comenzado a adoptar el sistema APG para organizar su colección. A continuación se presenta un resumen de la clasificación del APG III.

Angiospermae

1- **Orden Básico** - Bases de las Raíces de las Ordenes

Amborellales , Nymphaeales (incl.: Barclayaceae, Euryalaceae, Cabombaceae, Hydatellaceae), Austrobaileyales (incl.: Austrobaileyaceae, Trimeniaceae, Schisandraceae (incl.: Illiciaceae) y Chloranthales

2-Magnolíticos (Magnoliopsida, fr.: Magnoliidées)

Canellales (incl. Canellaceae, Winteraceae); **Piperales** (incl. Aristolochiaceae, Hydnoraceae, Lactoridaceae, Piperaceae (Pfeffergewächse) (incl. Peperomiaceae), Saururaceae; **Laurales** (incl. Atherospermataceae, Calycanthaceae (incl.Idiospermaceae), Gomortegaceae, Hernandiaceae (incl.: Gyrocarpaceae), Lauraceae (Lorbeergewächse) (incl.: Cassythaceae), Monimiaceae, Siparunaceae) y Magnoliales **(incl.:** Annonaceae, Degeneriaceae, Eupomatiaceae, Himantandraceae, Magnoliaceae (Magnoliengewächse), Myristicaceae).

3-Monocotyledoneae (Monocots, fr.: Monocotylédones)

...de los anteriores: No comelínidos

Acorales (incl. Arocaceae); **Alismatales** (incl. Alismataceae (Froschlöffelgewächse) (incl.: Limnocharitaceae), Aponogetonaceae, Araceae (incl.: Lemnaceae), Butomaceae (Schwanenblumengewächse), Cymodoceaceae, Hydrocharitaceae (incl.: Lemnaceae).Najadaceae), Juncaginaceae, Posidoniaceae, Potamogetonaceae (incl.: Zannichelliaceae), Ruppiaceae, Scheuchzeriaceae, Tofieldiaceae, Zosteraceae); **Asparagales** (incl.: Amaryllidaceae, (incl: Agapanthaceae, Alliaceae (Zwiebelgewächse)),

Asparagaceae (Spargelgewächse) (incl: Agavaceae, Anemarrhenaceae, Anthericaceae, Aphyllanthaceae, Hesperocallidaceae, Hyacinthaceae, Laxmanniaceae, Ruscaceae, Convallariaceae, Eriospermaceae, Dracaenaceae, Nolinaceae, Behniaceae, Herreriaceae, Hostaceae, Themidaceae), Asteliaceae, Blandfordiaceae, Boryaceae, Doryanthaceae, Hypoxidaceae, Iridaceae (incl.Geosiridaceae), Ixioliriaceae, Lanariaceae, Orchidaceae, (incl.: Apostasiaceae, Cypripediaceae), Tecophilaeaceae (incl.: Cyanastraceae), Xanthorrhoeaceae, (incl.: Cyanastraceae): +Asphodelaceae] (Affodillgewächse), +Hemerocallidaceae], (incl.: Phormiaceae), Xeronemataceae, Dioscoreales (Incl. Burmanniaceae, (incl.: Thismiaceae), Dioscoreaceae (Yamswurzelgewächse), (incl.: Yamswurzelgewächse).Taccaceae, Trichopodaceae), Nartheciaceae); **Liliales** (incl. Alstroemeriaceae, (incl.: Luzuriagaceae), Campynemataceae, Colchicaceae (incl.: Uvulariaceae), Corsiaceae, Liliaceae (incl. Calochortaceae), Melanthiaceae (incl.: Trilliaceae (Dreiblattgewächse)), Petermanniaceae Philesiaceae, Ripogonaceae, Smilacaceae); **Pandanales (incl**. Cyclanthaceae, Pandanaceae (Schraubenbaumgewächse), Stemonaceae (incl.Pentastemonaceae), Triuridaceae (incl.: Lacandoniaceae), Velloziaceae & Petrosaviales (Incl. Petrosaviaceae, (incl.: Japonoliriaceae)

Commelinidées (fr. : Commelinidées) sin asignar a nivel ordinal

sin orden Dasypogonaceae (incl. Calectasiaceae)

Arecales (Arecaceae = Palmae (Palms - Palmen); **Poales** (Incl. Bromeliaceae, graminoide: Poaceae (Gräser), Anarthriaceae, Centrolepidaceae, Ecdeiocoleaceae, Flagellariaceae, Joinvilleaceae, Restionaceae, ciperoide: Cyperaceae, Juncaceae, Thurniaceae, Sparganiaceae (Igelkolbengewächse), Typhaceae (Rohrkolbengewächse), Eriocaulaceae, Hydatellaceae, Mayacaceae, Rapateaceae, Xyridaceae (incl. Abolbodaceae); **Commelinales** (incl. Commelinaceae (Scheibenblumengewächse), (incl.(incl.: Cartonemataceae), Haemodoraceae, Hanguanaceae, Philydraceae, Pontederiaceae); **Zingiberales (incl**.: Cannaceae, Costaceae, Heliconiaceae, Lowiaceae, Marantaceae, Musaceae (Bananengewächse), Strelitziaceae, Zingiberaceae y Ceratophyllales **(incl**.: Ceratophyllaceae).

4-Eudicotiledóneas / Eudicots

Eudicots periféricos

No asignado a la orden Sabiaceae (Incl.: Meliosmaceae)

Buxales (Incl. Buxaceae (incl.: Stylocerataceae, [+Didymelaceae]), Haptanthaceae)

Proteales (Incl. Nelumbonaceae (plantas de loto), Platanaceae Proteaceae (plantas de árbol de plata).

Ranunculales (incl. Berberidaceae (incl.: Leonticaceae, Nandinaceae, dophyllaceae),

Circaeasteraceae, (incl.: Kingdoniaceae), Eupteleaceae, Lardizabalaceae (incl.: Sargentodoxaceae), Menispermaceae, Papaveraceae (incl.: Hypecoaceae, [+Fumariaceae], [+Pteridophyllaceae]), Ranunculaceae (Hahnenfussgewächse) (incl.: Glaucidiaceae, Hydrastidaceae)).

Trochodendrales (Incl. Trochodendraceae, [+Tetracentraceae])

5-Core-Eudicots / Core 'Eudicotyledons

   no Rosado, no Asterido

Sin asignación para ordenar Dilleniaceae

Berberidopsidales (Incl. Aextoxicaceae, Berberidopsidaceae); **Caryophyllales** (Incl. tres clades **A- Clade de 'core caryophyllids'**: Achatocarpaceae, Amaranthaceae (Fuchsschwanzgewächse) (incl,: Chenopodiaceae, Dysphaniaceae), Caryophyllaceae (Nelkengewächse),

Clado B-'suculento': Basellaceae, Cactaceae (Kakteen), Didiereaceae, Halophytaceae, Portulacaceae (incl.: Hectorellaceae), clado **C-'tercero'**: Aizoaceae (incl.: Tetragoniaceae), Asteropeiaceae, Barbeuiaceae, Dioncophyllaceae, Molluginaceae, Nepenthaceae, Nyctaginaceae, Physenaceae, Phytolaccaceae (incl.: Phytolaccaceae).: Agdestidaceae), Gisekiaceae, Anacampserotaceae (n), Eggli & Nyffeler (2010), Limeaceae (n), Lophiocarpaceae (n), Doweld & Reveal (2008), Montiaceae (n), Talinaceae (n), Rhabdodendraceae, Sarcobataceae, Simmondsiaceae, Stegnospermataceae, Ancistrocladaceae, Droseraceae (Sonnentaugewächse), Drosophyllaceae , Frankeniaceae, Tamaricaceae, Plumbaginaceae, Polygonaceae (Knöterichgewächse),

Gunnerales (incl. Gunneraceae, [+Myrothamnaceae]); **Santalales** (incl. Balanophoraceae (n), Loranthaceae, Olacaceae (incl.: Erythropalaceae ,

Octoknemaceae), Opiliaceae, Misodendraceae, Santalaceae (Sandelholzgewächse) (incl.: Sandelholzgewächse).Eremolepidaceae, Viscaceae), Schoepfiaceae (n); **Saxifragales (incl**. tres subclases: la **posible subclase 1:**Crassulaceae, Aphanopetalaceae (antes en Cunoniaceae), Haloragaceae (Haloragidaceae), [+Penthoraceae], [+Tetracarpaeaceae],

posible subclase 2: Grossulariaceae, Iteaceae, (incl.: [+Pterostemonaceae]), **posible subclase 3:** Saxifragaceae (Steinbrechgewächse), Altingiaceae, Cercidiphyllaceae, Paeoniaceae, Daphniphyllaceae, Hamamelidaceae (incl.: Rhodoleiaceae), Peridiscaceae, (incl.: Medusandraceae)

6-Rosidos (fr.: Rosidées)

Vitales (incl. Vitaceae (incl.: Leeaceae)

7- Core-Eudicots: Rosidas: Eurosids (I)

Celastrales (incl. Celastraceae (incl: Brexiaceae, Canotiaceae, Plagiopteraceae, Siphonodontaceae, Stackhousiaceae, [+Lepuropetalaceae] Parnassiaceae, Pottingeriaceae), Lepidobotryaceae);

Cucurbitales (incl. nisofiláceas, begoniáceas, coriáceas, corinocarpáceas, cucurbitáceas, datiscáceas, tetrameláceas); **Fabales** (incl. Fabaceae = Leguminosae (Schmetterlingsblütler), Polygalaceae (incl.: Xanthophyllaceae), Quillajaceae, Surianaceae (incl.: Stylobasiaceae); **Fagales** (incl.: Betulaceae (birch - Birkengewächse) (incl.: Datiscaceae). Carpinaceae, Corylaceae), Casuarinaceae, Fagaceae (familia de las hayas - Buchengewächse), Juglandaceae (familia de las nueces - Walnussgewächse), (incl. [+Rhoipteleaceae]), Myricaceae, Nothofagaceae, Ticodendraceae); **Malpighiales** (incl. Achariaceae, Balanopaceae, Bonnetiaceae, Calophyllaceae, Caryocaraceae, Centroplacaceae, Chrysobalanaceae, Clusiaceae = Guttiferae, [+Dichapetalaceae], [+Euphroniaceae], Ctenolophaceae, Elatinaceae, Euphorbiaceae (incl.Peraceae, Stilaginaceae), Goupiaceae, Humiriaceae, Hypericaceae, Irvingiaceae, Ixonanthaceae, Lacistemataceae, Linaceae (incl.: Hugoniaceae), Lophopyxidaceae, Putranjivaceae, Rafflesiaceae (n), Malpighiaceae, Ochnaceae, (incl.: Hugoniaceae).(incl.: [+Medusagynaceae], [+Quiinaceae]), Pandaceae, Passifloraceae, (incl.: [+Malesherbiaceae], [+Turneraceae]), Peridiscaceae, Phyllanthaceae (incl.: [+Malesherbiaceae]).Bischofiaceae, Hymenocardiaceae, Uapacaceae),

Picrodendraceae (incl.: Androstachydaceae), Podostemaceae, Rhizophoraceae, [+Erythroxylaceae], Salicaceae (incl.Flacourtiaceae, Neumanniaceae, Scyphostegiaceae), [+Trigoniaceae], Violaceae; **Oxalidales** (incl. Brunelliaceae, Cephalotaceae, Connaraceae, (incl.: Baueraceae, Davidsoniaceae, Eucryphiaceae), Cunoniaceae Elaeocarpaceae (incl.: Tremandraceae). Huaceae, Oxalidaceae (incl.: Averrhoaceae));

Rosales (Incl. Barbeyaceae, Cannabidaceae = Cannabaceae, Dirachmaceae, Elaeagnaceae, Moraceae, Rhamnaceae, Rosaceae, Ulmaceae, Urticaceae (incl.: Cecropiaceae); **Zygophyllales** (Incl. Krameriaceae, Zygophyllaceae (incl.: Balanitaceae))

8- Core-Eudicots: Rosidas: Eurosids II (malvados)

Brassicales (Incl. Akaniaceae, (incl.: [+Bretschneideraceae]), Bataceae, Brassicaceae, Capparaceae = Capparidaceae (~ en Brassicaceae)(incl.Oceanopapaveraceae), Caricaceae, Cleomaceae, Emblingiaceae, Gyrostemonaceae, Koeberliniaceae, Limnanthaceae, Moringaceae, Pentadiplandraceae, Resedaceae, Salvadoraceae, Setchellanthaceae, Tovariaceae, Tropaeolaceae); **Crossosomatales** (Incl. Crossosomataceae, Aphloiaceae.., Geissolomataceae, Guamatelaceae, Stachyuraceae, Staphyleaceae, Strasburgeriaceae, (incl.: Ixerbaceae)); **Geraniales** (incl. Geraniaceae (Storchschnabelgewächse), (incl.(+Hypseocharitaceae)), Melianthaceae, (incl.: Greyiaceae), Francoaceae, ivianiaceae, Ledocarpaceae; **Huerteales** (Incl. Dipentodontaceae. Gerrardinaceae. Tapisciaceae.);

Malvales (incl. Bixaceae, (incl.: [+Cochlospermaceae], [+Diegodendraceae]), Cistaceae, Cytinaceae*, Dipterocarpaceae, Malvaceae (incl.: Bombacaceae, Sterculiaceae, Tiliaceae), Muntingiaceae, Neuradaceae, Sarcolaenaceae, Sphaerosepalaceae, Thymelaeaceae (incl.Aquilariaceae, Gonystylaceae, Tepuianthaceae)); **Myrtales** (incl. Alzateaceae, Combretaceae, Crypteroniaceae, Heteropyxidaceae, Lythraceae (incl.: Punicaceae, Sonneratiaceae, Trapaceae), Melastomataceae, (incl.: [+Memecylaceae]), Myrtaceae (Myrtengewächse), (incl.: [+Memecylaceae]).Heteropyxidaceae, Psiloxylaceae), Onagraceae, Penaeaceae, (incl.: Oliniaceae, Rhynchocalycaceae), Vochysiaceae); **Picramniales** (incl. Picramniaceae); **Sapindales** (incl. Anacardiaceae (incl.: Blepharocaryaceae, Julianaceae, Pistaciaceae, Podoaceae), Biebersteiniaceae,

Burseraceae, Kirkiaceae, Meliaceae (incl.Aitoniaceae), Nitrariaceae, (incl.: [+Peganaceae], Tetradiclidaceae), Rutaceae, (incl.: Cneoraceae, Flindersiaceae, Ptaeroxylaceae), Sapindaceae (incl.: Aceraceae, Hippocastanaceae), Simaroubaceae (incl.: Leitneriaceae)

9-Core-Eudicots: Asteridos

Cornales (incl. Cornaceae (incl.: Alangiaceae, Davidiaceae, Mastixiaceae, [+Nyssaceae]), Curtisiaceae, Grubbiaceae, Hydrangeaceae (incl.: Philadelphaceae), Hydrostachyaceae, Loasaceae); **Ericales** (incl. Actinidiaceae, Balsaminaceae, Clethraceae, Cyrillaceae, Diapensiaceae, Ebenaceae (incl.: Lissocarpaceae), Ericaceae (incl.: Empetraceae, Epacridaceae, Monotropaceae, Pyrolaceae), Fouquieriaceae, Lecythidaceae (incl.: Philadelphaceae), Cyrillaceae, Cyrillaceae, Diapensiaceae, Ebenaceae (incl.: Lissocarpaceae): Asteranthaceae, Barringtoniaceae, Foetidiaceae, Napoleonaeaceae, Scytopetalaceae), Marcgraviaceae, Mitrastemonaceae*, Pentaphylacaceae, (incl.: [+Ternstroemiaceae]), Polemoniaceae (incl.: Cobaeaceae), Primulaceae, (incl.Maesaceae, Myrsinaceae, Aegicerataceae, Coridaceae, Theophrastaceae), Roridulaceae, Sapotaceae (incl.: Sarcospermataceae), Sarraceniaceae, [+Sladeniaceae], Styracaceae, Symplocaceae, Tetrameristaceae, (incl.: [+Pellicieraceae]), Theaceae,

10-Core-Eudicots: Asteridos, Euasteridos I (lamiidos)

Sin asignación de orden Boraginaceae, Icacinaceae, Metteniusaceae, Oncothecaceae, Vahliaceae

Garryales (incl. Eucommiaceae, Garryaceae, (incl.: [+Aucubaceae])); **Gentianales** (incl.: Apocynaceae (incl.: Asclepiadaceae, Periplocaceae), Gelsemiaceae, Gentianaceae (incl.: Potaliaceae, Saccifoliaceae), Loganiaceae, (incl.: Antoniaceae, Geniostomaceae, Mitreolaceae, Polypremaceae, Spigeliaceae, Strychnaceae), Rubiaceae (incl.: Dialypetalanthaceae, Henriqueziaceae, Naucleaceae, Theligonaceae)); **Lamiales** (incl. Acanthaceae (incl.Avicenniaceae, Mendonciaceae, Nelsoniaceae, Thunbergiaceae), Bignoniaceae, Byblidaceae, Calceolariaceae, Carlemanniaceae, Gesneriaceae, Lamiaceae = Labiatae (incl.Dicrastylidaceae = Chloanthaceae, Symphoremataceae), Lentibulariaceae, Linderniaceae*, Martyniaceae, Oleaceae,

Orobanchaceae, Paulowniaceae, Pedaliaceae Trapellaceae), Phrymaceae, Plantaginaceae (incl.Callitrichaceae, Ellisiophyllaceae, Globulariaceae, Hippuridaceae), Plocospermataceae, Schlegeliaceae, Scrophulariaceae (incl.: Buddlejaceae, Myoporaceae), Stilbaceae (incl.: Retziaceae), Tetrachondraceae, Thomandersiaceae*, Verbenaceae); **Solanales** (Incl. Convolvulaceae, (incl.: Cuscutaceae, Humbertiaceae), Hydroleaceae, Montiniaceae (incl.: Kaliphoraceae), Solanaceae (incl.: Duckeodendraceae, Goetzeaceae, Nolanaceae), Sphenocleaceae)

11-Core-Eudicots: Asteridos, Euasteridos II (campanúlidos)

(fr.: Campanulidae o Euasterides II)

Apiales (incl. Apiaceae, (incl.: Mackinlayaceae = Actinotaceae = Mackinlayoideae), Araliaceae, Griseliniaceae, Myodocarpaceae, Pennantiaceae, Pittosporaceae, Toricelliaceae (incl.Aralidiaceae, Melanophyllaceae)); **Aquifoliales** (Incl. Aquifoliaceae, Cardiopterigaceae = Cardiopteridaceae, (incl.: Leptaulaceae), Helwingiaceae, Phyllonomaceae, (=Dulongiaceae), Stemonuraceae); **Asterales** (Incl. Alseuosmiaceae, Argophyllaceae, Asteraceae = Compositae (familia del girasol - Korbblütengewächse), Calyceraceae, Campanulaceae, (incl.: [+Lobeliaceae]), Goodeniaceae (incl.: Brunoniaceae), Menyanthaceae, Pentaphragmataceae, Phellinaceae, Rousseaceae, Stylidiaceae (incl.: Leptaulaceae).**Donatiaceae**]), **Bruniales** (incl. Bruniaceae, Columelliaceae, (incl.: Desfontainiaceae)); **Dipsacales** (incl.: Adoxaceae (incl.: Sambucaceae, Viburnaceae), Caprifoliaceae, (incl.: Sambucaceae, Viburnaceae): [+Diervillaceae], [+Dipsacaceae] Triplostegiaceae, [+Linnaeaceae], [+Morinaceae], [+Valerianaceae])); **Escalloniales** (Incl. Escalloniaceae, (incl.Eremosynaceae, Polyosmaceae)); Tribelaceae); **Paracryphiales** (Incl. Paracryphiaceae, (incl.: Quintiniaceae*, Sphenostemonaceae).

Taxones de posición incierta en el nivel de grupo más alto

No asignado a la orden

Apodanthaceae (3 géneros), Cynomoriaceae, Gumillea Ruiz & Pav., Petenaea Lundell (probablemente: Malvales) Nicobariodendron (Simmons, 2004; probablemente: Celastraceae).

¿Qué es la biodiversidad?

<u>La biodiversidad</u> o diversidad biológica en su totalidad se ha definido como "*la variabilidad entre los organismos vivos de todas las fuentes, incluidos los sistemas terrestres, marinos y otros sistemas acuáticos y los complejos ecológicos de los que forman parte: esto incluye la diversidad dentro de las especies, entre las especies y de los ecosistemas*".

Ilustraciones de diversos niveles de biodiversidad

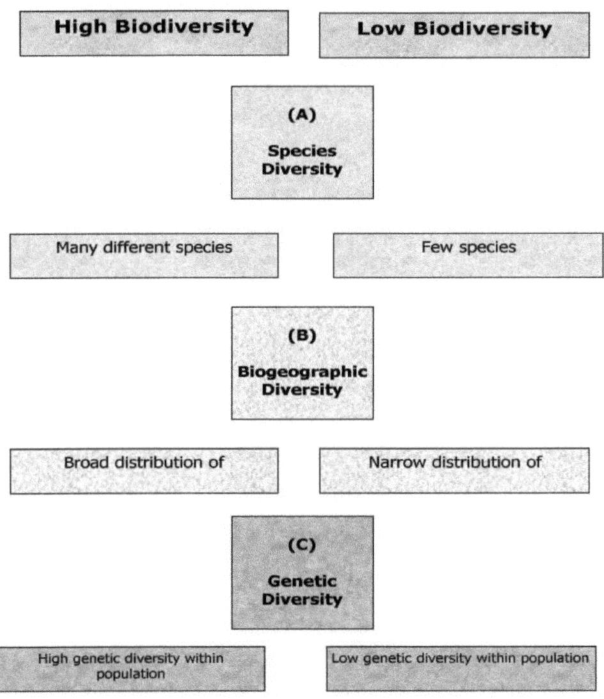

Por qué la taxonomía es importante para la ciencia basada en la biodiversidad

La taxonomía suele referirse a la teoría y la práctica de describir, nombrar y clasificar los seres vivos. Este trabajo es esencial para la comprensión fundamental de la biodiversidad y su conservación. Sin embargo, la ciencia que está detrás de la delimitación del mundo natural en "especies" es a menudo descuidada, mal entendida o incluso ridiculizada en algunos círculos. Nos demos cuenta o no, todos somos taxónomos inherentes. Clasificamos las cosas a nuestro alrededor de la misma manera que los taxonomistas distinguen entre especies; asignando objetos similares en grupos reconocibles. En la cocina separamos los cubiertos con cuchillo, tenedor y cuchara y no se nos ocurriría poner una cebolla o una patata en el frutero. De hecho, nuestras vidas están llenas de la necesidad de separar y clasificar los diferentes objetos que nos rodean.

Lo mismo ocurre con la biodiversidad. La mayoría de las personas preocupadas por la conservación de la biodiversidad suelen utilizar el término "especies" sin comprender claramente qué separa a una especie de otra, y por qué. Aquí es donde la ciencia de la taxonomía juega un papel integral. Las especies se distinguen entre sí de varias maneras. Aunque la definición de especie ha sido objeto de un <u>importante debate histórico,</u> en pocas palabras, las especies son organismos generalmente reconocidos como morfológicamente distintos de otros grupos.

A pesar de la actual crisis de la biodiversidad, el número de nuevas especies descritas por científico no ha aumentado en los últimos 60-70 años. Esto está teniendo un enorme impacto en la ciencia de la conservación. Muchas especies se extinguirán antes de ser descritas y seguimos sin saber el número total de especies que componen la biodiversidad mundial. Esto es reconocido por la Convención de Biodiversidad y sus firmantes como un "impedimento taxonómico".

En resumen, la taxonomía proporciona los fundamentos básicos de la práctica de la conservación y la gestión sostenible de los recursos mundiales restantes. Tal vez sea hora de integrar mejor la ciencia de la taxonomía en el mundo de la conservación para hacer frente al desafío de la biodiversidad mundial que enfrentamos actualmente.

La taxonomía es una disciplina científica que ha proporcionado el sistema de denominación y clasificación universal de la biodiversidad durante siglos y sigue dando cabida eficazmente a los nuevos conocimientos. En una reciente publicación de Garnett y Christidis se expresó la preocupación por la dificultad que los cambios taxonómicos representan para los esfuerzos de conservación y se propuso el establecimiento de un sistema para regir los cambios taxonómicos.

Su propuesta de "restringir la libertad de acción taxonómica" mediante subcomités de gobierno que "examinarían los documentos taxonómicos para comprobar su cumplimiento" y su afirmación de que "el hecho de que la comunidad científica no gobierne la taxonomía amenaza la eficacia de los esfuerzos mundiales para detener la pérdida de la diversidad biológica, perjudica la credibilidad de la ciencia y resulta costoso para la sociedad" son erróneos en muchos aspectos. También afirman que la falta de gobernanza de la taxonomía perjudica los esfuerzos de conservación, daña la credibilidad de la ciencia y es costosa para la sociedad.

La taxonomía y la nomenclatura asociada no están exentas de problemas. Incluso con un conjunto de hechos comunes, las interpretaciones alternativas de cómo clasificar los organismos pueden llevar a clasificaciones diferentes. Sin embargo, la ciencia de la taxonomía es cada vez más rigurosa, lo que puede mejorar las bases para la adopción de medidas legislativas específicas en relación con las especies. La inestabilidad taxonómica no afecta a todos los grupos taxonómicos por igual.

¿La taxonomía obstaculiza la conservación?

Garnett y Christidis "sostienen que el fracaso de la comunidad científica para gobernar la taxonomía amenaza la eficacia de los esfuerzos mundiales para detener la pérdida de la biodiversidad, daña la credibilidad de la ciencia y es costoso para la sociedad". No estamos de acuerdo.

Literatura

Filogenia del angiospermas Grupo I (1998): "Una clasificación ordinal para las familias de plantas con flor" . Anales del   Jardín Botánico   de Missouri 85 (4): 531-553.

Filogenia del angiospermas Grupo II (2003): Una actualización de la clasificación del Grupo de Filogenia del Angiospermas para los órdenes y familias de plantas con flores : APG II. *Bot. J. Linn. Soc.* 141: 399–436.

Grupo III de filogenia de angiospermas (2009): "Una actualización de la clasificación del Grupo de Filogenia del Angiospermas para los órdenes y familias de plantas con flores: **APG III**", Revista Botánica de la Sociedad Linneana 161 (2): 105-121.

- Cavalier - Smith, T. (1981): Reinos Eukaryote: Siete o nueve. BioSistemas 14 : 461 - 481.

Cotterill, F.P., Groves, C.P. y Taylor P.J. (2017). Taxonomía: refinar en lugar de estabilizar. *Nature, 547(7662), pp.162-162.*

Cronquist, A. 1981. Un sistema integrado de clasificación de plantas con flor. Copyright © Columbia University press. Usado conpermiso de la editorial.

Davis P. H. & Heywood V. H. (1973): Principles of Angiosperm Taxonomy. R. E. Krieger Pub. Co. New York. 558 págs.

Dahlgren, R. (1983): General Aspects of Angiosperm Evolution and Macrosystematics, Nocaric Journal of Botany 3 : 119 - 149.

Endo T., Ogishima S., Tanaka H. (2003). Standardized phylogenetic tree: a reference to discover functional evolution *J Mol Evol; 57 Suppl 1:S174-81. Biología de las especies vegetales.*

Engler, A. (1931): Engler, A. & Prantl, K. eds. *Las familias de plantas naturales,* 2ª edición, Leipzig, Engelmann.

Felsenstein, J. (1981). Evolutionary trees from DNA sequences: a maximum likelihood approach, *Journal of Molecular Evolution 17:368-376.*

Garnett, S.T. y Christidis L. (2017). La anarquía taxonómica dificulta la conservación. *La naturaleza. 2017;546(7656):25–27.*

Holstein, N. y Luebert, F. (2017). Taxonomía: límites taxonómicos estables. *Nature, 548(7666), pp.158-158.*

Judd, W. S., C. S.; Campbell, E. A.; Kellogg, y Stevens, P.F. (1999). Plant Systematics-A Phylogentic Approach. *Sunderland, MA: Sinauer Associates.*

Kenrick, P., y Crane, P.R. (1997). The Origin and Early Diversification of Land Plants: Un estudio cladístico. *Washington, DC: Instituto Smithsonian.*

Kubitzki, K. (editor general) (1990): en adelante. Las familias y los géneros de las plantas vasculares Springer -Verlag: Berlín; Heidelberg, Alemania.

Melchior, H. (1964): Adolf   Engler, ed. Programa de *las familias de plantas* (12ª ed.). I. Volumen: Parte general. Bacterias a las gimnospermas. II. Volumen: Angiospermas.

Murren C. (2002). Integración fenotípica en plantas. *Biología de las especies vegetales. Volumen 17 Número 2-3 Página 89.*

Centro Nacional de Información Biotecnológica. Sistemática y Filogenética Molecular.

Reveal, J. L. (1999): Apéndice   F. Nomenclatura adicional,   págs. 355 a 357. En: G.E. Moulton (ed.), las revistas de la Expedición Lewis & Clark. Volumen. 12. Herbario de la Expedición Lewis & Clark. Lincoln: University of Nebraska Press. 359 págs.

Pagel, M. (1999). Inferring historical patterns of biological evolution. *Nature 401, 877-884.*

Sereno, P.C. (1999). Definiciones en la taxonomía filogenética: Crítica y Sistema de Razonamiento. Biol. 48(2):329-351

Shipunov, A.B. (2009): Systema angiospermarum. Versión. 4.974. sitio web http://herba.msu.rushipunovangcurrentsyang.

Shipunov, A.B. (2010): Systema angiospermarum.Version.5.1. sitio web http://herba.msu.rushipunovangcurrentsyang.

Shipunov, A.B. (2014): Systema angiospermarum. Versión.5.15.sitio web http://herba.msu.rushipunovangcurrentsyang.

Sinnott, 1935 ex Cavalier-smith, T. (1998): Un sistema de vida revisado de seis reinos. Biol. Rev. 73: 203 - 266.

Takhtajan, A. (1969): Plantas con flor: origen y dispersión. Oliver y Boyd. Edimburgo.

Takhtajan , A. (1980): "Esquema de la clasificación de las plantas con flor (Magnoliophya)". *Botanical Review* 46 (3): 225-359.

Takhtajan, A. (1987): *Systema magnoliophytorum.* Nauka. Leningrado.

Takhtajan, A. (1997): Diversidad y clasificación de las plantas con flores (1-9). Nueva York :Columbia University Press.

Takhtajan, A. (2009): *Plantas con flores, 2^a ed.*

Thorne, R.F. (1992): "Una clasificación filogenética actualizada de las plantas con flor". *Aliso13*: 365-389.

Proyecto web del árbol de la vida. ¿Qué es la filogenia?

Wen-Hsiung Li. (1997). Molecular Evolution. Sinauer Associates.

Wettstein, R. (1935): Manual de botánica sistemática (4ª edición). *Leipzig y Viena.*

Whelan S., Lio P., Goldman N., (2001). Filogenética molecular: métodos de vanguardia para mirar al pasado. Trends *in Genetics, Volume 17, Issue 5(1):262-272*

Whittaker, R. H. & Margulis, L. (1978): Clasificación protista y reinos de organismos. Bio Systems 10: 3-8.

Printed by Books on Demand GmbH, Norderstedt / Germany